I·M·P·R·E·S·S·NextPublishing

OnDeck Books

インプレス

はじめに

本書を手に取って頂きありがとうございます。本書はテキスト投稿サイト「note」に2023年11月から2024年11月にかけて連載していた「問題解決あるあるコラム」を再構成して1冊にまとめたコラム集です。連載中は問題解決の場面でよく出会う出来事を毎週1話ずつ、テーマもランダムに投稿していたため1話読み切り形式でした。今回本書を出版するのに当たりこれらのコラムをいくつかのテーマごとに再構成しました。これにより、前半ではなぜ問題解決がうまく行かないのか？　その理由についてさまざまな視点で紹介し、後半ではどうやったら問題解決がうまく行くのか？　その方法について提案をさせて頂く、という形に整理できました。本書を読んで頂いた皆さんの思考の整理にもお役に立てるのではないかと思います。また、今回の書籍化に伴い新たに4本のコラムを書き下ろしました。どの章のどこに新しいコラムが差し込まれているのか、探しながら読んで頂いても楽しいかもしれません。また、書籍化に伴いコラムの番号も新たに付け直しましたので「note」で連載していた時の番号とは異なりますのでご了承ください。

全てのコラムは前書『問題解決の教科書 CITA式問題解決ワークブック』（インプレスNextPublishing）の中心となっている考え方、「人間の行動心理」によって引き起こされる思考や行動を読み解き「理由」や「提案」をお伝えしています。この思考方法はツール等と同じで、そのツールが生まれた（その思考が生まれた）背景を理解し、正しく使えば（正しく行動すれば）望む結果が得られやすくなる、という極々シンプルな考え方です。しかし、そのシンプルをシンプルでなくしてしまう特性をわれわれ人間が持っていて、本来作り出したい結果とは異なる結果を生み続けてしまっていることに皆さんに気づいて頂く機会になればと思っています。

問題解決は簡単ではありませんし、いつでも時間との追いかけっこです。つまらない、苦しい時間の積み重ねだと思います。でも、本書を通じて思考方法を変えて頂ければ、問題が発生した理由が分かり納得感が得られスッキリする、また取り組みを通じて多くの気づきが得られ自身の成長すら実感できる楽しい時間に変えることができます。そしてそれら納得感や気づきは、自分の仕事の意味や目的すら明確にしてくれ、つまらないと思っていた日常を達成すべき目標のあるやりがいのある日々にしてくれます。

大袈裟のように聞こえるかもしれませんが、実際に変化を体験してみるとそれはそんな大袈裟なものではありません。極々ありふれた日常の小さな変化の積み重ねなのです。われわれは常に何かを選択し判断を下しています。しかし今、ほとんどの方が他に選択のしようがない苦しい判断を強いられて日々を過ごしています。その苦しい判断から逃れ自身で納得のいく判断をするには「選択肢を作る」という作業をすればいいのです。この「選択肢を作る」作業というのが実は難しいのです。なぜならほとんどの人が時間に追われて過ごしているからです。限られた時間の中では選べる選択肢はほとんどありません。というか、あっても気づきません。そんな状況を変えるには本書を通じてご紹介している思考方法の変換が役に立ちます。ぜひこの55個（＋4個）のコラムの中からひとつでもふたつでも実践できそうなことがあったら取り組んでみてください。「人生に選択肢を作る」というのは仕事だけでなくプライベートでも役に立つと思います。本書を読んで頂いた皆さんが、毎日明るく仕事や人間関係に向き合っていけるようになって頂ければ嬉しいです。

本書でコラムとしてご紹介している事例は筆者がこれまで二十数年間在籍していた自動車業界で実際に体験してきたことを「行動心理」という視点で観察し考察した結果をまとめたものです。製造現場だけでなく組織マネジメントの現場で日常的に起きている出来事をできるだけ分かりやすく文書化したつもりですが、私の拙い文章では分かりにくい部分もあるかと思います。そこはぜひ皆さんの想像力を存分に発揮してご自分の場合と比較しながら読んで頂けるとありがたいです。また、本書でご紹介している事例は日本人だけでなく世界中のどんな国の人々でも共通して見られることばかりです。なので、グローバルな環境で海外とのコミュニケーションに苦労されている方々にもきっとお役に立てるのではないかと思います。まさに私も苦労してきました。実際に私が提供しているCITA式問題解決トレーニングに参加してくれた海外メンバーも「あるある！」「そうそう！」と共感し、思考の変化についても受け入れ実践してくれています。たまにその後の話を聞くとうまく行っているようで楽しそうに話をしてくれます。

さて、それでは本題に移ります。これから皆さんにお読み頂くコラムは次のような構成でできあがっています。8章で構成されており、各章では次の内容について複数のコラム＝テーマで解説しています。

第1章は導入として問題解決とそれを邪魔する行動心理の関係について
第2章はわれわれが最も恐れる「説明責任」について、なぜここから逃げようとしてしまうのかについて
第3章はわれわれが問題解決よりも「リスク回避」を優先してしまう特性について
第4章は業務改善で必須のPDCAがなぜ回らないのかについて
第5章はわれわれがなぜしくみを嫌うのかについて
第6章は問題解決を成功に導くための「現状分析」手法について
第7章は問題解決を助けてくれる便利なツールの正しい理解について
第8章は問題解決を成功に導くための思考と行動について

前半の第5章までは問題解決がうまく行かない「理由」を解説し、後半の第6章からは問題解決をうまくいかせるための「提案」を紹介して

います。ぜひこれらの情報を活用して皆さんの問題解決に対する思考方法を変換して「失敗」から「成功」をつかんでください。

本書を読んで頂いた皆さんが少しでも問題解決が好きになり、人生や仕事に前向きに取り組んで頂けるようになれば幸いです。そしてつかみ取った変化について皆さんの体験談を聞かせて頂けるのを心待ちにしています。いつか皆さんのプロフィール欄に「特技：問題解決」と書いて頂ける日が来ますように！

「大丈夫、その問題、解決できます！」

2025年3月 市岡 和之

目次

1

第1章　行動心理が問題解決の邪魔をする？

◉

問題解決の場面に遭遇すると、われわれの心理は問題解決よりも自分自身を守ることを優先し始め、その結果本来取りたい行動とは全く違う行動を取ってしまいます。しかし、われわれはその理由を知ることで自分たちの思考や行動を上手にコントロールすることができます。

01 ｜問題解決はじめました

はじめまして、問題解決サポーターKAIOS代表の市岡です。

このたび、日々さまざまな業種の現場で起きているであろう、問題の対応に困っておられる皆さんのお手伝いをするために、問題解決サポート事業を立ち上げました。とは言っても実際に私が個別の問題を解決するのではなく、問題解決の正しい道筋をお教えし、皆さん自身で問題解決ができるようになって頂くお手伝いをさせて頂きます。具体的には、問題解決を正しく行うための教育支援を提供させて頂いています。

KAIOSが提供するトレーニング

問題解決のトレーニングと言うと、8Dレポートの書き方とか、なぜなぜ分析のやり方とかを思い浮かべる方々もたくさんいらっしゃると思います。確かにこれらの問題解決ツールは大変有用で、うまく使えば皆さんのお役に立つことは間違いないのですが、ほとんどの方が「使いづらい」とか「面倒」と思っておられると思います。そんなツールを「こうやって使うんだ！」と鼻息荒く押し付けても余計に皆さんに嫌われるだけなので（事実私もそうやって嫌な思いをしてきました）、もう少し皆さんに気楽に取り組んでもらえるように、と考えて作ったワークショップ型トレーニングを提供しています。

このトレーニングのことを、皆さんに覚えてもらうには何か名前があったほうが良いので、「CITA式問題解決トレーニング」と名づけました。CITAはContinuous Improvement Team Activityの頭文字で、日本語にすると「小集団改善活動」のことです。よく聞く平凡な名前です（笑）。このCITA式トレーニングを通じて皆さんに、問題解決の正しい方法を知り、そして身に付けて頂くことを目的にしています。名前は平凡ですが中身はちょっと変わっていて、問題解決がうまく行かない理由を人間の行動心理に基づいて読み解き、逆にこの行動心理を活用して問題解決をうまく進めようというのがこのCITA式トレーニングの特徴です。

今までとはちょっと変わった視点から問題解決に取り組んで頂くことで、問題解決に対する心のハードルを少しでも低くできればと考えています。トレーニングについては概要を別の記事でご紹介していますので、興味がある方はぜひそちらもお読み頂ければと思います。

コラムの目的

本コラムでは、トレーニングとは別に、問題解決の現場で皆さんがよく出会う疑問について、私の「超・主観的な視点」でお話をしていきたいと思います。皆さんもきっと「そうそう！　あるある！」と共感して頂けるのではないかと思います。

問題解決と行動心理の関係

今回は初回ですので、まずはちょっと軽めに「問題解決に直面した時に生じる行動心理」について考察してみたいと思います。テーマが全然軽くないですね（笑）。下の表のようにいくつかのフェーズに分けて考えてみました。

Phase	行動	心理
0	無関心	安心・安全（現状維持）
1	否定・拒絶	自己正当化・自己保身（現状維持）
2	反応・気づき	共感
3	実践・見える化	試み
4	実感・腹落ち	納得
5	提案	挑戦（変化肯定）
6	感動・再現性	自己成長・自己実現

問題解決に直面した時に生じる行動心理

では、各フェーズでの心の動きを順番に見ていきましょう。

●Phase 0：無関心
問題が自分の目の前に顕在化した時、基本、人はPhase 0に留まろうとします。これが一番安心・安全な状況だからです。

●Phase 1：否定・拒絶
しかし、この問題が自分に直接影響があると認識するとPhase 1に移行し全力で否定もしくは拒絶し、なんとしてでも自分から問題を遠ざけようとします。全力での否定・拒絶が功を奏し、嵐が過ぎ去るとPhase 0に戻ります。

●Phase 2：反応・気づき

一方、この問題に取り組むメリットが理解できればPhase 2に移行します。が、ここでの安全地帯が見つからないといつでもPhase 1もしくはPhase 0に戻ります。

●Phase 3：実践・見える化

幸運にも安全地帯が見つかると仲間とともにPhase 3に移行します。ただ、勇気を持って行動しても失敗してしまうとやはりPhase 1もしくはPhase 0に戻ります。なので、このPhase 3からPhase 4に移行するための支援が不可欠です。ここをCITAでサポートしようとしています。

●Phase 4：実感・腹落ち

支援の下、うまくPhase 4までたどり着くと、もういつでも変化を受け入れるようになります。また、さらに仲間を取り込もうともします。そして次のフェーズに挑戦します。

●Phase 5：提案

が、ここで頑張ってあげた提案が受け入れられなかったり失敗してしまうと、あっという間にPhase 1もしくはPhase 0に逆戻りしてしまいます。ここも支援が必要です。

●Phase 6：感動・再現性

最後にそんなハードルも乗り越えPhase 6まで到達すると、絶えず変化を受け入れ、成功する道筋を自ら探して行動するようになります。ここまで伴走することが私たちKAIOSの目標です。

このようにわれわれ人間は、隙さえあればPhase 0に戻ろうとする何とも手間のかかる存在なのです。とどのつまりは、失敗を恐れ、そのリスクを遠ざけることで、「現状維持」という安心安全を手に入れようとしているのですね。一方で、人間は「好奇心」という心の動きも持っています。失敗して傷つく可能性よりも、何か新しい発見や感動を手に入れたいという衝動に駆られ行動に移す特性です。この「好奇心」と「失敗リスク」の狭間で揺れ動く心を横からサポートしてあげて、小さな成功体験を積み重ね、次への挑戦の原動力である「勇気」を生むことが、問題解決を成功させ、そこに関わった人々の成長を助長することになります。

問題解決をお手伝いしたい！

そう、問題解決は人材育成の機会でもあるのです。その大切な機会を、なんとかして手助けしたい！　と立ち上げたのがKAIOSであり、CITA式トレーニングです。

ちなみに社名のKAIOS（ケイオス）は、Knowledge Acquisition and Implementation Opportunities Supportの頭文字を組み合わせて作った造語で、日本語では「知識習得と実践の機会をサポートする」会社ということになります。

そんなわけで、初回から少々長くなってしまいましたが、私たちKAIOSが提供する支援を「人間の行動心理」という切り口で少し説明させて頂きました。いかがだったでしょうか？

次回からは、もう少しざっくばらんな感じで「問題解決あるある」についていろいろとお話ししていきたいと思います。それでは、これから始まるコラムをお楽しみに！

02 | 10個の行動心理

今回のコラムのテーマは、「10個の行動心理」です。今回は、現在発売中の『問題解決の教科書』から、われわれ人間の「行動心理」が問題解決の邪魔をしているのだ、ということを取り上げたいと思います。本書で紹介しているトレーニングプログラムは、それら「行動心理」が生まれる理由を知り、自分たちのクセを理解すれば、元々持っている「リスク回避能力・問題解決能力」を最大限活用して、どんな問題でも解決できるんだ、ということを10個のステップに分けて、学び・習得してもらえるように構成されています。では早速、その行動心理について一緒に見ていきましょう。

クセだらけの生き物、それが人間

以下に10回のセッションの表題を並べてみました。問題解決の場で生まれるわれわれ人間の行動をピックアップしています。

・セッション1：問題解決を先送りしてしまう
・セッション2：自分の意見だけで全体を評価してしまう
・セッション3：因果関係を見ずに結論づけてしまう
・セッション4：思いついたことを他人に押し付けて従わせようとしてしまう
・セッション5：自己保身スコープが問題解決の邪魔をする
・セッション6：人は常に自分の都合のいい視点を持ち出す
・セッション7：人は理想を語り「いい格好」をしようとする
・セッション8：人は一度決めた結論から離れられない
・セッション9：人は他人の話を聞いていない
・セッション10：人は納得しないと行動しない

どうですか？　こうして見てみると、人間ってつくづく厄介な生き物ですよね（笑）。こんなクセだらけな生き物が、集団で活動しているのです。そりゃ、管理するために「しくみ」も使いたくなりますよね。

だって人間なんだもの

「しくみ」は、管理する側のメリットがたくさんあります。ところが、管理する側も人間なので、どんなによくできた「しくみ」でも、結局「面倒くさく」なってしまうのです。管理しようとすればするほど、追いかければ追いかけるほど、人は逃げていきます。では、放っておけば自分たちでやってくれるのでしょうか？　くれません。放置すれば自由奔放、やりたいことだけやって、しかも「やりっ放し」です。追いかけてもダメ、放っておいてもダメ、ではどうしたらいいのでしょう？　答えのひとつは、「強制力を持って従わせる」という方法がありますが、これも結局「そこからすり抜ける方法」を考え出すので、最後はそれも失敗します。結局人間は、何かをやらせようと思っても、その通りには「やらない・やってくれない」生き物なのです。

押してもダメなら引いてみな

では、もう望みはないのでしょうか？　そんなことはありません。やらせることはできませんが、自分たちで「やりたい」と思ってもらえれば、やってくれます。その原動力がふたつあります。それが人間が元々持っている「リスク回避」と「好奇心」というふたつの欲求です。人間は、自分の身に降りかかる恐れのある「リスク」を未然に回避し「安心安全」を確保する力と、その「リスク」にさらされてでも行動し、目的を達成したいと思う気持ち「好奇心」を持っています。これらを引き出すしかけをすれば、そのふたつの欲求に従って、こちらがやって欲しいことを自らやってくれます。

危機感となりたい姿

そのためには少しの準備が必要です。まず、現状をよーく分析し、「今のままだと自分たちの身に厄介ごとが降りかかってくる」という状況を認識させる必要があります。ただし、そのままだとその「厄介ごと」から逃げてしまうので、次に「今の状況を変えればこの先こんな未来が待っている」と明るい未来が待っていることを理解させれば、後は放っておいてもその描いた未来に向かって勝手に進んでいってくれます。このふたつが作り出せれば、問題解決は強い推進力を持って目的を達成するまで進み続けます。

敵も然(さ)るもの

とはいえ、このふたつを揃えただけではまだ不十分です。最初に挙げたさまざまな「行動心理」が行く手を阻み、問題解決を踏みとどまらせようとします。「自己利益優先」「人によく見られたい」「勝手な思い込み」等々……、人間はかくも面倒な生き物なのですね（笑）。これらに打ち勝ち、ゴールにたどり着くには、順序立てて、状況を見える化し、より良い方法をチームで議論し、お互いに納得し、焦らず慌てず一歩ずつ、しかし歩みを止めず、進めていくことが必要です。その力がわれわれ人間には備わっています。

まとめ

このように、人間の行動は「行動心理」に強く影響を受け、いつでも問題解決が失敗してしまう方向に自分たちを引っ張ります。人間の持つ「リスク回避能力」が優勢になるからです。この優先順位を入れ替え、「リスク回避能力」と「好奇心」をうまく活用しつつ、問題解決を成功させるためには、「正しい道筋」をたどる必要があります。その道筋を、体験しながら正しい問題解決方法を学べるように作られたのが『CITA式問題解決トレーニング』です。詳細は本を読んで頂き（笑）、もし「自分も体験してみたい！」と思ったら、ぜひKAIOSにお問い合わせください。一緒に問題解決を学んでいきましょう！　以上、宣伝でした（笑）

2

第2章　説明責任を果たすのは難しい？

◉

われわれには常に説明責任が求められます。下した判断、取った行動の理由や根拠、ありとあらゆる場面で説明が求められます。しかし、この責任に常に応え続けるのは至難の業です。そんな苦行に打ち勝つには果たしてどんな方策があるのでしょう？

03｜説明責任果たしてる？

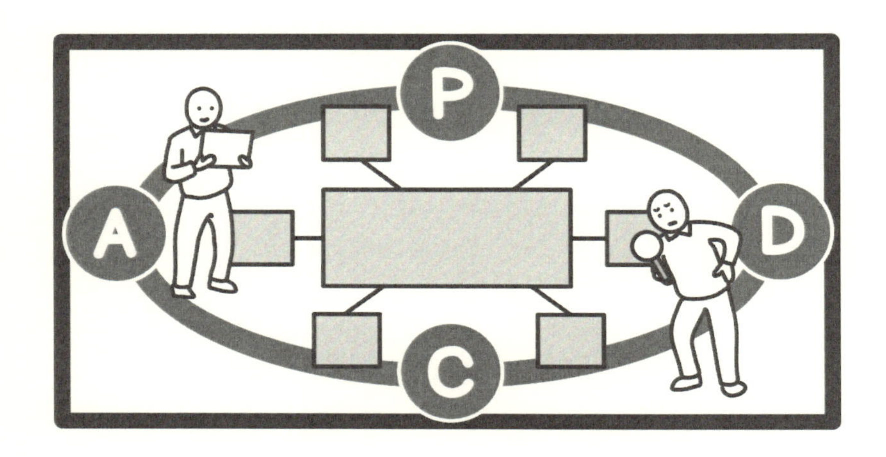

今回のコラムのテーマは「説明責任」について考えてみたいと思います。聞いただけでドキッとする言葉ですね。この「ドキッ」がわれわれを説明責任から逃げ出したいという気持ちにさせてしまいます。最初から言葉の響きに負けてしまっているのですね。でも、この言葉の意味をよ～く考えてみると、意外と心強い味方になってくれるかもしれません。では、一緒に考えていきましょう。

説明責任って何？

説明責任という言葉を現場でもよく耳にします。英語で言うとAccountabilityですね。いったい説明責任って何なのでしょう？　僕が主に担当しているQMSの世界では、「実行責任」と「管理責任」という言葉がよく登場します。特に最近は世の中で何か問題が発生すると「責任、責任」という言葉が飛び交い、人を追及するような風潮になったせいか、元々あった「責任」という言葉の重さ以上に過剰な負荷が追加され、誰もが無意識のうちにこの「責任」から逃れようとしているように感じます。

説明責任は相手の「納得」が得られて初めて達成される

「実行責任」と「管理責任」は、その職責を持った人に生じる個別の「責任」ですが、今回のテーマの「説明責任」は、特定の誰かにだけ生じるものではなく、われわれ全員に生じる「責任」です。自分がしたこと（多くの場合しでかしたこと）に対して関係者に背景・経緯を説明し、納得してもらう。これができて初めて「説明責任を全うした」ことになるわけです。ここでポイントになるのは「納得」です。ここで言う「納得」とは100％回答でなくても良いわけです。50％でも70％でもその理由を説明し、相手が「納得」すればそれで「説明責任」を果たしたことになります。

説明責任は荷が重すぎる

ところが、昨今の風潮だと「100％回答でないと許さない」という空気が醸成され、説明する側は非常に厳しい状況に追い込まれてしまっています。しかも相手は不特定多数。これらの人々全員の「納得」を得ることなど不可能なのです。なので、結局何をやっても必ずたたかれ、つらい思いをすることになります。これではたまらないので、自分自身から少しでも、できれば全ての「責任」を排除し、自らの安心安全を確保したい、と思う気持ちは大いに理解できます。僕だって同じです。

説明責任からの回避は「他責」

そして、その責任の排除方法の最たるものが「他責」です。自分への攻撃を「なくす」戦略ではなく、「逸（そ）らす」戦略を取るのです。人間は誰しも隙を持っているので、それが一番簡単かつ確実だからです。「他責」の対象は人の場合もありますし、環境の場合もあります。上司がそういった、お客さんがそういった、使った機械が壊れた、等が定番ですね。いろいろ話を聞いていくと最後は「世の中が悪い」にたどり着きます（笑）。

人のせいにしたくない、という高潔な人は自分のせいにしますが、「知らなかった」「気が付かなかった」「これでいいと思っていた」「自分の力量が足りなかった」等など、要は「だってしょうがないじゃん」と正当化します。

こうした戦略は、自分ではうまく行くと思っているのですが、他人から見たらみえみえで、それこそ「責任回避」も甚だしく、その人自身の「信用」も「信頼」も同時に落としてしまうことになり、何ひとついいことはないのですが、多くの人が同じような行動に出ます。過去に他の人が失敗しているのを何度も見ているのに、です。

説明に足りないもの

このようなやり取りは、監査の場や監査で指摘を受けて是正をする時にもよく見受けらます。謝罪会見などでもおなじみですね。これらの場で語られていることに圧倒的に欠けていることがあります。それは、「元々どうするつもりだったのか」です。これがないので、どんな言葉を紡いでも後付けの言い訳にしか聞こえないんですよね。「元々こうするつもりだったが、今回こうなってしまったので、次回からは今回と同じ失敗をしないようにここをこうします」と伝えれば、聞いている相手は、どこが是正されて次はどのような結果が期待できるか想像できるので、納得してくれます。ところが、多くの説明では、このような説明にはならず、上に挙げたような言い訳が繰り返されます。なぜなら「元々こうするつもり」がないので、説明のしようがないんです。そりゃ、こうなりますよね。

つまり、最初の「こうするつもり」=「計画」がないのです。みんな成りゆきでことを始めて、何かあったら修正して前に進めればいいと思っているのです。わざわざ計画を立てるなんてタイパもコスパも悪い、と見切り発車なのです。「前もこの方法でなんとかなった」という悪しきレッスンズラーンドが、「次もなんとかなる」というリスクの過小評価と楽観思考を呼び、その結果、「ことが起きたら大炎上」という負のスパイラルに陥っているのです。

説明責任を果たすために必要なこと

こう考えてくると、「責任を果たす」とは、最初に計画を作り、計画通りに実行し、進捗を確認し、必要があれば修正する。というおなじみPDCAを確実に行う、ということに帰結します。計画に必要なリソース（4M）と環境をしっかりと整え、定期的な監視で問題の芽を少しでも早く摘む、そんな取り組みが説明責任を果たすことにつながります。そうすれば、結果的に「実行責任」も「管理責任」も果たせることになります。つまり、「説明責任を果たす」ことがそれらに関わる全ての「責任」を果たすことになるのです。

「説明責任」からは誰も逃れられません。誰もが取り組まなくてはならない責任です。なにも会社を代表して謝罪をすることだけが説明責任ではないのです。どんな立場でも、自身のやっていることを第三者にしっかりと伝え納得してもらう、それが「説明責任」です。

準備をしよう

皆さんは、説明責任を果たせる準備ができていますか？　説明責任を果たせるようになるには準備も練習も必要です。最も効果的な練習は、社内の内部監査を活用することです。「あれこれ細かいことを聞かれてうるさいし面倒くさい」と思っている方も多いと思いますが、監査員の質問にしっかりと答えられるだけの管理と準備ができていれば、仕事はスムーズに回っているはずです。今、ご自身の仕事やチームの運営で悩んでいる・困っている方は、今からでも遅くないので説明責任が果たせるように準備を始めてみてはいかがですか？　きっと、その悩み・困りごとが驚くくらいに解消されていくはずです。

まとめ

いかがでしたでしょうか？　少しは「責任」という言葉に対する恐怖感が和らぎましたでしょうか？　何ごとも、言葉の響きに臆する前に、じっくりその意味を考えてみると意外とやること＝解決策が思い浮かぶものです。「見えない敵」が「具体的なアクション」に変われば、恐れず取り組むことができます。そんなふうに心の動きを自身で変えていけばいいのです。

04｜「終わり良ければ全てよし」は本当に良いのか？

今回のコラムのテーマは、「終わり良ければ全てよしは本当に良いのか？」です。皆さんもこのフレーズ、よく使うのではないでしょうか？ この言葉の意味は、「途中いろいろあったけど、最終的には目的を達成したので、あれこれ細かいことは言わずに結果をみんなで喜ぼうじゃないか」ということで、一言で言えば「結果オーライ」ですね。これ、いいですか？　ダメ、ですよね。

なぜ「終わり良ければ全てよし」ではダメなのか

こう言うに至った背景には、何か問題が起きてからみんなが力を合わせ、最終目的＝ゴールを達成した「努力」があると思いますが、往々にして「運」も作用しています。「運も実力のうち」と言う人もいますが、本当に実力のある人は運も必然にします。周りからは「たまたま」のように見えますが、実はその「たまたま」を生み出す事前準備をしっかりしています。が、われわれ凡人は本当に「たまたま」頼みです。でも、そう毎回毎回「幸運」が続くわけがありません。そうして、運がこと切れて失敗に終わった時は「運が悪かった」と言って現状肯定してなかったことにしようとします。こんな当たるも八卦当たらぬも八卦のような仕事をされていたら発注側はたまったもんじゃありません。「ちゃんとやってよ」と思いますし、言いますよね。

「ちゃんとやってる」ことは第三者が証明してくれる？

でも、「ちゃんとやってよ！」と言うと、コラム03「説明責任果たしてる？」のテーマのとおり「やってます」と返事がきます。やっぱりたまりませんね。あんまりしつこくすると、今時は下請けいじめとかパワハラとか言われるので発注側が引き下がらざるを得ない、というなんともやりきれない状況になります。それならば、どうせ付き合うならしっかり仕事をしてくれる会社がいいですね。でも、よその会社がちゃんとしてるかなんて外部の人間が分かるわけがないです。そこで、第三者が証明してくれるISOとかIATFが登場します。これら認証を取得した会社なら安心ですが、実態は残念ながらそうでもないですよね。「認証取得と実態は別の話」が暗黙の了解事項みたいになってしまっています。なので、大切なのは取引を始める前に実際にその会社に行って取引前監査をすることです。そこできちんと「説明責任」を果たせる会社なら安心して仕事が任せられます。そう、取引先監査ってとっても大事な機会なのに、形式的な活動にしてしまっていませんか？　ここでしっかり見極めておかないと、後で大変なことになります。どんな大変なことかというと……このへんの話は書き出すと長くなるのでまた別の機会に書きたいと思います。

「終わり良ければ全て良し」が生まれてしまう土壌

で、問題の「終わり良ければ」ですが、最初に書いた「結果オーライ」という楽観思考が生み出す結果は、「現状肯定の自己過大評価」と「起きた問題から得られる学びの機会を切り捨てた」、「現状維持」です。われわれ人間は終わったモノ・コトには急激に関心がなくなり「はい、終わり終わり。次、次」と気持ちを切り替えてしまいます。クヨクヨしない、後ろを振り返らない、というのは時には良いパフォーマンスにつながりますが、それは活動の最中に限定されます。ゴールまでたどり着くという目的のために、いったん他のことは忘れてゴールに集中するという、限られたパワーとリソースの「選択と集中」をするための手段なのです。

なので、その手段をゴール後に当てはめるのは適切ではありません。いったんゴールにたどり着いたら、「クヨクヨ」も「後ろ」も振り返らなくてはなりません。そうすることで、そこに「二度と同じ失敗を繰り返さない」という付加価値が生まれるのです。どこの組織でも、プロジェクトが終わると振り返りの活動が設定されており、「再発防止のための組織の知識化」という極めて重要なステップがあります。が、皆さんもう終わったことにはたいして興味も関心もないので、今さらあれこれ振り返りたくありません。そこで、LLリストなどの失敗リストを作り、「次回プロジェクトを始める時に見直します」とか「後で周知徹底します」とアクションを未来に先送りして終わらせようとします。そして、実際に「次」が来てそのリストを見てみると……「これなんだったっけ？」「誰か知ってる？」「書いた人辞めちゃったしなぁ」といった状況に陥り、そこから「ま、いっか」が生まれ、そのままプロジェクトに突入。突入したプロジェクトは元々の仕事のやり方が変わってないので、前回と同じ失敗がまた発生、という見事な再現性が生まれます。

真逆のPDCAが回っている

どうでしょう？　思い当たることありませんか？　これは「説明責任」の回でもお話しした「どうするつもり」がないことに端を発し、「できてます」報告が改善の機会を逸し、「結果オーライ」が振り返りの芽を摘んだ結果、みんなで作り出している成果物です。大きなNon-PDCAサイクルが回っている結果なのです。現場であれだけ「PDCA、PDCA」と叫んでいる裏で、真逆のPDCAが回り続けているのです。しかも、それがわれわれが無意識に取っている言動によって紡ぎ出されているのです。

まとめ

われわれに必要なのは、行動の規制や矯正ではなく、心の矯正なのかもしれませんね。「終わり良ければ全てよし」というKGIよりも「どうするつもりだった」というKPIを心に留めておきたいものです。

05 | 「お客さんがいいって言ってます」は免罪符なのか？

今回のコラムのテーマは、「お客さんがいいって言ってますは免罪符なのか？」です。会社などでもよく「誰それがいいと言った」というセリフを耳にしますが、今回はその上級バージョンですね。水戸黄門の印籠よろしく、「お客さんがいいって言っている」と言ったらもう誰もがひれ伏す状況です。これさえ握ってしまえば、鬼に金棒です。でも、果たしてそれは、本当にいいのでしょうか？

お客さんがいいって言っている時には「仕方ないから」がついている

この、最強のフレーズが使われるケースはどんな時でしょう？　多くの場合、社内説得が必要な場面です。現状に対し、「本当はもっと要求はあるけれど、現時点ではそれが実現できそうもない」もしくは「やりたくない」時に、このフレーズが炸裂します。大抵の場合、議論になっている事象の担当者や責任者が、現状を相手や周りに認めてもらうために発動します。これは、プロジェクトチームが相手の場合もありますし、工場やマネジメントが相手の場合もあります。そして、この言葉を使う背景には、「もうこれ以上面倒くさいことはやりたくないので、今のままでいいじゃん」という発言者側の都合がありあます。「お客さんが、こういうことを望んでいる、だからなんとか実現してくれないか」という登場の仕方ならお客さんも喜びますが、「もうこれ以上はいいって、お客さんもそう言っている」という登場では、お客さんもガッカリですね。そして、そう言うための「言質」を取られる時はもっとガッカリでしょう。しかし、「お客さんがそう言っている」というのなら、言われた相手も引き下がるしかありません。

説得するには「誰か」が必要

このように、「お客さんがいいと言っている」という言葉は、多くの場合、妥協の産物であり、いい場合も悪い場合もありますが、ひとつの議論の落とし所になります。でも、そんな結論の出しかたで、本当にいいのでしょうか？　われわれは、物事を結論づける時に、「誰か」に登場してもらい、その「誰か」の意見として結論を導き出そうとする傾向があります。そして、その際できるだけ速やかに、かつ反対の余地の生まれないような「誰か」を引っ張り出そうとします。つまりこれは、「自分で説得できない代わりに「誰か」の力を借りて引き下がらせる」という戦略です。まあ、「誰か」はその場にいないですし、誰も傷つかない、ある意味理にかなった手段ですが、その合意形成は関係者の「納得」を伴わないので、いつかどこかで破綻します。そして、その破綻を迎えた時には、責任もその「誰か」に負わせるのでしょうか？　きっとそうなのでしょう。そして、最後は「お客さんの言ったことだから仕方ない」と無理やり納得する（させる）のです。

他人のふんどしはらくちん

人は、一度うまく行ったことは再現性を出そうとします。しかも、「誰か」のおかげでうまく行くのなら、労力も省け、とても効率的かつ効果的に再現性が生み出せます。でも、結局それは「他人のふんどし」であり、自分の力で成功したわけではありません。コラム03「説明責任果たしてる？」でもお話しした「説明責任」の放棄そのものです。人は、どんなに不器用でも、一生懸命に自分の考えを伝え、実行しようとする人には好感を持ち、協力したいと思います。「お客さんはもうこれでいいと言っていますが、私は元々の希望をなんとか実現したい」そう伝え、周りから協力を得て、なんとかそれを実現できた時には、お客様も喜び、あなたを信頼してくれるようになるでしょう。ただ、残念ながらそれが、「余計なこと」だったりする場合もありますが（笑）。

いいって言ったっけ？

「誰か」の力ばかり使って、自ら「説明責任」を果たすことから逃げていると、いつか「いいって言った」はずの人から、「そんなこと言ったっけ？」と、最後の最後にハシゴを外される場合もあります。そりゃそうです、誰しもみんな、それぞれ立場があり、都合があります。そんなに都合よく使われ続けてはくれません。結局は、自分たちの言葉で、相手や周りを説得しなければなりません。いつか必ず、「説明責任」を果たさなければならない場面がやってきます。「説明責任」からは、誰も逃れられないのです。そのための準備を怠ると、その時「楽」した分の苦労が、必ず自分のところに戻ってきます。

まとめ

いかがでしたか？　結局、われわれは自分の判断に「自信」が持てないので、いざ、責められた時の保険のために、「他責」にして責任から逃れる準備をしているのですね。これは、本当の意味での「リスク回避」にはなりません。本当の「リスク回避」は、自ら「説明責任」を果たし、「リスクの元」を絶つことです。最初から自信のある人なんていません。自信を獲得するには、繰り返し経験を積むことです。失敗を恐れず、自らの言葉で語ってみましょう。言葉を発しなければ、「説明責任を果たす」というゴールには、いつまで経ってもたどり着けません。

06｜ちゃんとやるって意外と難しい

今回のコラムのテーマは、「ちゃんとやるって意外と難しい」です。いきなりですが、質問です。「ちゃんと」って何なんでしょう？　「ちゃんと」って？　皆さん、考えたことありますか？　これ、結構深い言葉です。

やるのは簡単、「ちゃんと」やるのは大変

前回の続きというわけではないですが、「あれやれ、これやれ」と言われて「やる」のは比較的簡単です。「やれ」ばいいのです、そう、行動に移せばいいだけです。でも、「ちゃんとやる」のは別物です。この「ちゃんと」が、「やる」の前に付くだけで、意味合いが全く変わります。「ちゃんと」していることを、相手や周りに理解・納得してもらうためには、どんな条件が揃っている必要があるでしょうか？

「ちゃんと」を証明するのは大変

たとえば、「ちゃんと作業しました」ということを示すには、「決められた作業手順通りに作業を実施・完了し、その結果できあがった「もの」や「こと」が、決められた基準を満足し、意図した通りに使用可能であること、が証明できる状態」が担保できて、初めて「ちゃんと作業しました」と言えます。さらに、その作業に当たった人は「決められた教育課程をこなし、作業員としての力量を保持・維持できていることを、その組織に認められた認定作業員である」ことが証明されなければなりません。そして、その認定をするための教育基準や手順の適切性が確認され……と、「ちゃんと」していることを証明するには、さまざまなことが整えられ、適切に運用されていなければなりません。

「ちゃんと」は「説明責任」の代名詞

このように、「ちゃんと」やっていることを証明するには、「計画」と実際の行動に基づいた「事実」によって説明され、相手を「納得」させる必要があります。そう、「説明責任」を果たすことが求められるのです。「やったのか？」という質問に対し、「やったよ」と答えるのは簡単です。「やった」は、「Doした」「開始した」だけでそう言うことができますが、「ちゃんとやった」には、それ以上の結果が求められます。なので、相手からの質問に対して追及を逃れたい時に、「ちゃんとやった」と言って、「完了させたこと」を伝えたことで、追及から逃れようとしても、「量的・時系列的」完了だけでは許されません。それらに加えて、「質的満足度」が求められるのです。「ちゃんと」は意外と重い言葉なんです。

「ちゃんと」は「品質道」の真髄？

前回のコラムで「品質規格はわれわれの心を試している」とお伝えしましたが、この「ちゃんと」は、まさにその「心と行動」を表していると言ってもいいかもしれません。「ちゃんと」とは、品質の「心・技・体」を追求する、「品質道」を一言で表した言葉とも言えます。「柔道」や「剣道」はたまた「茶道」のように、「道」と名の付くさまざまな活動は、「礼儀・規律・習熟」が求められ、その取り組みに終わりはありません。まさに「品質」そのものです。そう思うと、「品質規格を理解し身に付ける」ということは、「一朝一夕には達成できず、地道な鍛錬の繰り返しが必要なのだ」ということが、この「ちゃんと」という言葉を使うと、すんなりと理解できるような気がします。

「品質道」を極める

「品質道」を極めるためには、たゆまぬ努力が必要そうです。でも、その先には何か重要な「真理」が待っているような気もします。果たしてそれが何なのか？　それは、怠けず取り組み続けることでしか知り得ないことです。でも、他の「道」と違って「品質道」は、誰でも、いつからでも、どんな形ででも、始めようと思えばすぐに始められる、間口の広い「道」なのかもしれません。

まとめ

話がとんでもないところまで発展してしまいました。「ちゃんとやる」って、言葉で言うのは簡単だけど、「ちゃんとやってる」ことを証明するのは、意外と難しそうです。でも、「ちゃんと」を合言葉にして活動に取り組めば、ひとりひとりが「『ちゃんと』ってどういうことだ？」と考え、自分たちなりの答えを導き出せるかもしれません。終わりのない「品質」だからこそ、自分たちで達成レベルを決め、それを実現し、実現したらまた次のレベルを決めて、それを達成するために取り組みを進める。「ちゃんと」は、そんなきっかけを与えてくれる言葉なのかもしれません。皆さんも、「ちゃんと」やれてますか？

3

第3章　問題解決よりリスク回避が優先？

◉

問題解決に直面するとわれわれの中では無意識のうちにリスクが想起され、リスク回避行動を取り始めます。リスク回避の方策は多種多様です。どうしてこれを問題解決に活用できないのでしょうか？　それには……理由があります。

07 ｜「できてます」は、できてない

今回のテーマは、「『できてます』は、できてない」です。なんのこっちゃ？　という感じでしょうか（笑）。中には「う……」と思い当たる方もいらっしゃるかもしれません。心臓がキュッとしましたか？　冷や汗も出てきますよね。では、そのいや～な感覚の正体を見ていきましょう。

「できてます」はなぜ生まれる？

皆さんが日々汗を流している現場では常に問題が山積みですよね？　でも、上長への報告ではなぜか全てうまく行っていることになってます。側から見ると、「え？　それ信じるんですか？」という報告も「部下を信用する」と言って受け入れます。現場に行けばすぐに問題に気づくのに、現場にも出向きません。「現地現物じゃなかったの？」と言いたいところ

ですが、ここにもわれわれ人間の心理が働いています。現場は「見られたくない」「怒られたくない」上司は「問題を知りたくない」「後始末をしたくない」「自分も上に悪い報告をしたくない」というお互いの利害が一致し、「部下の報告黙認」が変なところでwin-winとなり、現状が肯定され、放置されます。これは部下を信用しているからではなく、上司の「現実を知りたくない」「自分に問題が降りかかって欲しくない」という切実なニーズがそうさせているのです。

暗黙のニーズが負のスパイラルを生む

こんな状況が良いはずがありません。でもこの状況を、多くの人々の「暗黙のニーズ」がしくみにまで落としていって、見事に成立させてしまっているのです。そのしくみが何かというと、そう「KPI」です。おなじみ“Key Performance Indicator”ですね。どんな組織も、ISO 9001やIATF 16949の認証を取得し維持しようと思えば、このKPIを設定し監視し、結果を報告させているはずです。中には無視している組織もありますが、ほとんどの組織でみんな頭を悩ませてKPIを決め、数値を集め、マネジメントに結果を報告しています。そして、マネジメントチームが真面目にレビューしようとすればするほど、不幸にも負のスパイラルが回っていってしまいます。そうなってしまう理由がこのKPIにあります。

「できてます」を生み出すしくみ

ここでもう一度、KPIが何だったか見直してみましょう。“Key Performance Indicator”です。そう「パフォーマンス」ですね。パフォーマンスなので行動指標です。たとえば、プロ野球選手なら防御率や打率などですね。その選手たちの努力した結果がよく分かります。ところが、多くの組織で語られているKPIは実は「KGI」“Key Goal Indicator”なのです。「ゴール」なので必達指標です。よくあるのは納期遵守率とか新規ビジネス受注件数とかですね。必達なのでやって当たり前の「当たり前指標」と言われているやつです。この、やった件数=出来高をKPIとして設定してしまっているのです。こうすると、報告は「納期遵守率100%です」「新規受注3件です」といった「できてます報告」となります。納期を守るためにどれだけ納期調整したのか、受注するために裏側でどれだけ駆け引きしたのか、が全く報告されません。が、報告側も決められたことを報告すればいいので、わざわざ怒られたり問い詰められたりするような報告はしません。そうすると、いつしか「できてます」という報告をすることが、自分たちの身の安全を図る最善策として身に付き、どんな時も「できてます」と報告するようになります。さらに「できてれば文句ないでしょ?」という極端な思考に陥ります。仕事は「結果が全て!」とやって当たり前のことを声高らかに喧伝します。

「できてます」はウソというわけではない

「ここができていません、なのでここを改善していくことが次の課題です」と言ってくれたほうが組織としてはありがたいのに、現場は第2章「説明責任を果たすのは難しい?」でお話をした「説明責任」が果たせないので、絶対に「ここができていません」などと口を滑らせません。仮に、そう言ってくれたとしても現場には問題解決能力がないので、上司もお手上げです。なので、どちらも「できてます」報告を選択します。とは言っても本当は現場では問題が山積みなので、簡単に「できてます」とは言えません。そこで次に登場するのは「スコープ」です。範囲を限定し成果を過大評価します。そうすれば、限定された範囲の外側の問題は報告する必要がないので、胸を張って「できてます」と言えます。

リスク回避が「できてます」を生み出している？

このように、評価する視点を絶妙にずらし、パフォーマンスを必達目標にすり替え、「できてます」という報告ができる環境を整え、社内評価プロセスに乗せてしまえば、上からとやかく言われることはありません。これでみんなwin-win、実によくできたしくみです。でもそれって、本当は危ういですよね。リスクを組織ぐるみで見えなくしてしまっているのです。その結果問題は頻発し、その後始末でみんな大忙し、でも報告書上は“All Green”。いったい何なのでしょう？　現実としくみの乖離、しくみの形骸化、つらい現実です。しくみに縛られる必要はありませんが、結局のところ、しくみを使うのはわれわれ人間なのです。しくみは上手に使って、楽するところは楽したいですね。

まとめ

そんなわけで、今日のテーマ、「できている？」と聞いて「できてます！」と答えが返ってきた時は大抵できていません。本当にできている組織は「できている？」と聞かれたら「ここができていません」と課題を自分たちで明確にできる組織です。皆さんの組織はどっちが「できてます」か？

08 | 変更管理は何を管理すればいい？

今回のコラムのテーマは、「変更管理」です。変更管理と言えば4Mですね。最近では5M、6Mとどんどん数が増えていき、「いったいどんだけ管理すりゃいいのさ！」と言いたくなります。でも、振り返って問題の原因をたどっていくと、大抵これら「M」の管理不行き届きに原因があるので仕方ないですね。最近は世の中の変化が激しいので、第五のM「Mother nature（環境）」の影響度が大変大きくなってきています。皆さんおなじみの『7step FMEA』でも「5M影響分析」が欠かせません。たまりませんね。

変更管理を機能不全に陥れる魔法の言葉

でも、逆に言えばこの「5M」をしっかり見張っていれば大抵の問題は防げることになります。ところが、ここにも例によってわれわれ人間の悪いクセが出てきてしまいます。変更管理を機能不全に陥れるパワーワード「キャリーオーバー」です。全ての面倒くさいプロセスをスキップできる（と思っている）魔法の言葉です。この「キャリーオーバー」という言葉ひとつで全ての潜在リスクを過小評価することができ、多くの確認作業を省くことを正当化できる、多くの技術者にとって救いの神のような言葉です。……でも、結局は救ってくれないんですけどね。

キャリーオーバーは本当に何も変わっていない？

確かに「キャリーオーバー」ですので、モノ自体は何も変わっていません。すでに市場実績があれば、何も変わっていないのですから、何も心配することはありません。従ってことさら心配してわざわざ仕事を増やす必要もないでしょう。……でもそれってホントでしょうか？　ひとつ忘れていますよね、そう、五つ目の「M＝環境」は変わっています。世の中は常にダイナミックに変化しています。キャリーオーバーしたものを開発していた時と今とではさまざまな環境の変化が生じています。この変化は、当時では想定も想像もできなかったことがたくさんあります。なのに、その変化に目を向けずキャリーオーバーでプロセスを進め、いざ問題が発生するとお決まりのあのフレーズが出てきます。「気が付かなかった」「今までのままで大丈夫だと思っていた」じゃあ、この後どうするの？　「次から気をつけます」「次回の確認リストに追加します」そうして次にそのリストをレビューしても、その時にはまた環境変化が生まれています。

どうしても早く前に進みたい

こうして永遠のイタチごっこリストが作り上げられていきます。是正しなければならないのは、「その時の環境変化の影響を考える」というステップが抜けてしまっている「仕事の仕方＝プロセス」です。入口でしっかり準備をすれば、後がうんと楽なのに、われわれ人間はどうしても「早く先に進みたい」という衝動に勝てず、目の前のゲートをどんな形でもいいので通過しようとしてしまいます。「怪しいものを発見して止める」のが目的のゲートを、「ゴールにたどり着くためのただの通過点」にしてしまっているのです。コラム07「『できてます』は、できてない」のテーマでも出てきた「やったからいいでしょ」というKGIで行動してしまっているのです。ゲートの通過条件が、「レビューをしたこと」になってしまい、本来の目的である「レビューでリスクを見つける」ということが忘れられてしまっているのです。たとえば、レビューで見つけたリスクの数をKPIにして、開発の進捗ごとに発見したリスクの数を見ていくとレビューの有効性が確認できるかもしれませんね。

リスクの過小評価という最大のリスク

いかがでしょうか？　皆さんがあまり好きではない変更管理システムは、実はこのようにリスクの過小評価を防ぎ、限られたリソースを本来注ぎ込みたい製品開発に集中させ、効果的かつ効率的に進めるために考えられたしくみなのです。ところがわれわれは「管理」されることを嫌い、自ら「リスクの過小評価」という「最大のリスク」を生み出しながらイシューの中に飛び込んでいってしまっているのです。交通の激しい幹線道路に右も左も見ずに飛び出すようなものですね。

キャリーオーバーはリスクもキャリーオーバー

変更管理は本気でやろうと思うとキリがないですが、かといってスキップするわけにはいきません。しっかり影響を評価し、どこまでならリスクを許容できるのか考えた上で、対応する範囲を決めて実施する必要があります。「キャリーオーバー」と言って変更を最小化しようとする行為は、リスクもキャリーオーバーしていることをよく理解する必要があります。

まとめ

変更管理は奥が深いです。でも、未来の問題を防ぎたければ、変更管理としっかり向き合うことが実はタイパもコスパも最適化できる最高の手段となります。
いかがでしたか？　少しは変更管理が好きになれそうですか？　「最初に面倒くさい」のと「後ですんごい面倒くさい」のと、どちらを選ぶかは、われわれ次第なのです。

09 ｜「問題ありません」は、本当に問題ないのか？

今回のコラムのテーマは、「『問題ありません』は、本当に問題ないのか？」です。よく使いますよね、これ。この「問題ありません」って言葉は、前回の「キャリーオーバー」と同じくらい便利な言葉なんです。「問題ありません」って言うとみんなスルーしてくれるんですよね。「あ、問題ないのね」って。でも、僕は「問題ありません」って言われると、つい「何が？」って聞いてしまいます。そうするとみんないろいろ口ごもっちゃって、何が問題ないのか教えてくれないんです。そしてしつこく「何が？」って聞く僕はみんなから嫌われます（笑）。

なぜ、「問題ありません」と言いたくなるのか？

この「問題ありません」は、現場で作業している人に今の状態を聞いた時や、FMEAのアクションの結果欄などでよく出現します。何ならFMEAだと最初のPotential failureの欄に「～なので問題なし」とか書かれているのを目にします。これ、すごい心配ですよね。「本当に問題ないの？」。てか、その前に「何が問題ないんだ？」と思ってしまいます。本来なら、「○○が確認できた」「△△が検証できた」とか、具体的に分かったことを教えて欲しいのに、まるっと「問題ありません」と言われても、その人がどこに着目して「問題なし」と言ったのか、聞き手には全く分かりません。皆さんは分かっていますか？

「問題ありません」は「問題ない」と思いたいわれわれの心の声？

そう思って、自分が「問題ありません」と言いたくなる状況を考えてみました。そうすると、次のような状況だと思い当たりました。「聞かれたことに明確な答えができない時、とはいえこれといった心配点が自分からは見当たらない、さらにこれ以上このことについてあれこれ聞かれたくない」。そんな時に「問題ありません」と言いたくなります。とすると、僕が質問して「問題ありません」って返ってきた時は、「本当に問題がないかは分からないけど、とりあえず大丈夫そうだし、早く仕事進めたいのでもうあっち行って」って言われていることなんだ、と思い至りました。つまり、「結構やばいんじゃね？」ということです。だって、その後「何が？」って聞くと答えが返って来ないんですよ、これは危険です。

「問題ありません」は判断を相手に委ねる「リスク回避」策

要はこの「問題ありません」は、日本語特有の「察してよ」文化の上に成り立っている、極めて曖昧な言語コミュニケーションの代表なのです。僕らはこの非常に便利な言葉に頼って、大切な確認作業を怠ってしまっているのではないでしょうか？　だって、「問題ありません」と言われて問題なかったことないですもん。これは、当に「できてます報告」の変化系なのだと思います。皆さんもぜひお手元のFMEAを眺めてみてください。きっとそこかしこに「問題なし」という表記があるはずです。そして、それを見つけたら何が「問題なし」なのかを調べてみてください。きっと分からないと思います（笑）。

「問題ありません」は「問題あり」の裏返し

この「問題ありません」は、日本中いや世界中で使われているわけで、ここまでの考察からさらに考えると、非常にまずい状況なのではないかと思われます。だって「問題ない」の分、本当は「問題だらけ」なのですから。これはちょっと危機的状況です。でも、さらに考え続けると、そんな状況からも次のような一筋の光が見えました。「ちょっと待てよ、ということは『問題ありません』と言われたらそこに問題があるということだ、問題のほうからその場所を教えてくれているではないか！　だって、キチンと確認ができていたら、できたことを説明してくれるはずで、それができていないので『問題ない』という曖昧な表現に逃げているだけなのだから」。ちょっと長かったですが、伝わりました？　（笑）

「問題ありません」は「潜在」と「顕在」の狭間に生まれる

つまり、人間の「リスクを顕在化させたくない」という心理が「問題ない」という言葉を選ばせ、その場をやり過ごそうとしているわけです。逆に考えれば「問題ない」と言った時には、われわれの五感が「潜在リスクを検出した」ということを知らせてくれている、ということです。難しいと苦労していたFMEAもわれわれ人間の持つリスク検出能力を活用すれば、意外とうまく進めることができるかもしれません。ぜひ、皆さんも現場で聞こえる「問題ありません」に耳を傾けてみてください。

まとめ

いかがでしたでしょうか？　人間って実はすごい「危機察知能力」を持っているのですよね。この能力は普段は面倒くさいことから逃げることに使っていますが、視点を変えてあげると、本来使いたい「見えていないリスクを見つける」ことに使うことができそうですね。その方法については、また別の機会にじっくり考えてみたいと思います。

10 | 繰り返しは安心を生む

今回のコラムのテーマは、「繰り返しは安心を生む」です。人はなぜ同じことを繰り返すのでしょう？　いいことも悪いことも、思わず「Why?」と問いただしたくなるほど、同じことを繰り返します。同じ失敗を何度も何度も繰り返された時には、いい加減聞いてみたくなりますよね、「なんでそれした？」って。今回はその理由を考えてみましょう。

人は無意識に同じ道に吸い寄せられる

われわれは、以前にも手痛い思いをしたにも関わらず、同じ失敗を繰り返します。それも、ものの見事に同じ道筋を通って。なぜなのでしょう？　あれだけ事前にダメだと自らに念を押し言い聞かせても、ふとした瞬間に、まるで魔が差したかのように、ダメだと思っていたほうへかじを切ります。ダメだダメだと考えすぎるあまり、それを「やらなければならない」と自己暗示にかかりやってしまう、いわゆる「押すなよ」システムの場合もありますし、すっかり意識の外にあったのに「なぜか無意識のうちにそちらに向かっていた」というケースもあります。これは、人間が「立ち止まったり振り返ったりするのが嫌い」という性質を巧みについた悪魔の仕業のようにも思えます。

前とおんなじは安心

「前に行ったところ」や「前にやったこと」は、いいことも悪いことも一度経験しているので心の余裕が生まれます。その「知ってるもんね」が、前回とは違う新しい行動に抱く「リスク」を回避させ、一時的な「安心」を選択させているのではないでしょうか？　人間は未来を予測することが苦手です。常に「今」と戦っているのです。その「今」の安心が何よりも優先され「過去」「現在」「未来」の時間軸の中の、「過去から学び」「未来の成功をつかむ」という本来取りたい選択肢ではなく、「今、安心したい」という選択肢を選ばせてしまっているのではないでしょうか？

繰り返すと安心が生まれる

世の中、どんな仕事に就いていようと必ず「繰り返し」が発生します。常にいつも違うことをやっている人はまずいません。「繰り返す」ことで習熟を生み、その活動そのものやその活動から生まれるモノやサービスに付加価値を生み出します。そうしてこの「繰り返し」の中で、われわれ人間は「いつもと同じ」という安心感を得ています。「いつもと同じ」ということは、この先が「予測できる」状態です。つまり「繰り返し」によって、この先何が起こるか分からないという「不安」から解放されるのです。

人間は不安が嫌い

そう、われわれは常に「不安を排除」する方法を探しているのです。前に経験した失敗を避けるために前と違うことをしようとすると、その違うことによって失敗することが「不安」で、前に失敗したにも関わらず「経験のある行動」を選び「不安を排除」しているのです。ある意味「未然防止」をしているのですね。つまり「再発防止」をするよりも「未然防止」を優先してしまうがゆえに「再発」を招いている、というなんだかよく分からない状況を生み出してしまっているのです。

繰り返して生まれた安定から異常を検知する

こうして考えてくると、人間は失敗の「繰り返し」から逃れられないように思ってしまいます。が、一方でこの「繰り返し」から生まれる「再現性」は、「安定を」作り出しアウトプットの「質」を高めます。そして、この「安定」状態はいつもと違う「異常」を敏感に検出し、そこから生まれる「想定外の失敗」を未然に防ぎます。これも、われわれ人間の持つ「リスク回避」能力によるところです。異常を瞬時に検出し、排除もしくは修正することでいつも通りの状態に戻すと「安心」が生まれます。人間はこの状態が一番心地よいのです。

失敗も繰り返すと当たり前

このように、われわれは「安心」との引き換えに、「失敗を繰り返す」ことを選んでいるわけなのですが、「失敗を繰り返す」ことは自分にとっても「リスク」であるはずなのに、なぜそれを避けようとしないのでしょうか？　それは、もうひとつの人間の特徴である「慣れ」が生まれているからです。初めて失敗すれば自分も傷つきますし、怒られて嫌な思いもします。でも、それも「繰り返す」うちに失敗も「経験」として蓄積され「予測可能な状態」となります。怒られることもあらかじめ分かっているし何をすれば解放されるのかも分かっているので、もはや「脅威」ではなく、先が分かっている「安心」になってしまっているのです。「自分の中で対処できるリスク」は、もう「リスク」ではなくなってしまうのですね。

まとめ

このように、失敗しても失敗しても同じことを繰り返してしまうのは、「繰り返し」から生まれる「安定」とその先にある「安心」を求めているからなのかもしれません。そして、「繰り返し」によって得られる「慣れ」が、先が見える「安心」を生み、失敗が「脅威」でなくなってしまっているのです。では、この「失敗地獄」から抜け出すにはどうしたら良いのでしょう？　それには、この「失敗の繰り返し」がさらに大きなリスクをはらんでいることを認識させ、その大きなリスクに対する「リスク回避プロセス」を発動させることで、抜け出すことができます。かすかな望みが見えてきました。が、それについてはまた次回に。

11 | 答えが分からないと不安

今回のコラムのテーマは、「答えが分からないと不安」です。これは誰もが持つ感情なのではないかと思います。テストの答えだけでなく、日々の生活の中で自ら生み出した疑問に対しても、誰かから問われたことに対しても、納得した答えが出せないと「不安」に包まれてしまいます。ここでポイントとなるのは「誰が」納得するか？　です。ここが導き出せれば「不安」から解放されるかもしれません。では、一緒に考えてみましょう。

「不安」はどこからやってくる？

答えが見つからない「不安」はどこからやってくるのでしょう？　われわれは、人それぞれに悩み、考え、さまざまな決断を日々繰り返しています。自分にとっての問題が大きければ大きいほど、悩んだり考えたりする時間は長くなります。そうして導き出した結論も、「自分」で納得できたとしても心のどこかではまだ「不安」です。その結論を自分以外の誰かに「それでいい」と言ってもらえてやっと不安から解放されるのです。つまりわれわれは、誰かに認めてもらえて初めて「安心」を得られる生き物なのです。

「不安解消」はFirst priority

われわれは常に「リスク回避」をしています。「不安」は自分を精神的に窮地に追い込む大きな「リスク」です。そして、そのリスクを回避するためには、常に誰かの「承認」が必要になります。「いい」って言ってくれるだけで不安が解消され、「安心」して過ごすことができます。なので、この「安心」を得るためならばどんな手段でも取ります。そして、なるべく手っ取り早く（効率的に）手に入れようとします。

答えを欲しがるのは答えを知りたいからじゃない

テストでも与えられた課題でも、何でもかんでも、みんなすぐに答えを求めます。初めて書く書類なら「記入例」を求めます。書くことが分からなかったり、間違えてしまうと自分が傷つくからです。「自分が思ったことを書いてみて」と言われても、それが的外れだったらどうしよう、と「不安」になってしまいます。この時点で「答えを求める」目的は、「答えを知る」ことではなく「不安から逃れたい」ことに入れ替わっています。そして、その不安から逃れるために、強く「答え」を求めます。自分が出した答えを、誰かに「いい」と言ってもらうことより、誰かが「いい」って言っている答えを手に入れるほうが、確実に「安心」を手に入れられるからです。

答えのない未来より答えのある過去

開発の現場でも「FMEA」より「FTA」のほうが好き、とか得意、という方が結構な確率でおられます。これも、起こるかどうか分からない、そして計画した対策が効果的なのか確信を持てない「FMEA」よりも、起こってしまった事象からその原因を突き止めていく「FTA」のほうが「安心」だからです。「起こってしまったこと」ならすでにそこに「答え」があるのですから、こんなに安心なことはありません。

自分の決断で「安心」するためには「説明責任」を果たすことが必要

では、われわれは常に自分以外の誰かに依存しなければ「安心」を手に入れられないのでしょうか？　そんなことはありません。第2章でもお話ししたように「説明責任」が果たせれば自分の決断に自信を持つことができます。「説明責任」を果たすことは、「第三者が納得すること」が条件ですので、「結局他人に依存しているではないか？」と思われるかもしれませんが、この、「説明責任を果たす」ことが、自ら「安心」を手に入れた「成功体験」となり、その行動を繰り返すことで「『説明責任』を果たせば『安心』が手に入る」という未来を予測できるようになります。そして、その行動＝「プロセス」を通じて、「安心」できるようになるのです。そうなれば、第三者の「納得」は後からついてくることになり、それが「自信」となり、次の「不安」にも立ち向かっていけるようになります。しかし、この「不安」を恐れるあまり、立ち向かうことなく他人からの「答え」を求め続けている限り、ずっと「答え」を必要とし続けるのです。

まとめ

いかがでしたでしょうか？　われわれ人間の持つ「リスク回避」能力はとても強力で、どんな手段を取ってでも「確実に」リスクを回避しようとします。人間の感じるリスクのうち、最も優先度の高いのが「不安」であり、「不安解消」のためには自分以外の誰かの力が必要です。そして、この「不安解消」を実現することにも「効率」を求める結果、リアクションとしての「いいね」を得るよりも、「最初から『いいね』がついた結果を手に入れる」という手段を選ぼうとするのです。これは、「リアクションで『いいね』がもらえないかもしれない」というリスクも回避する、二重のリスク回避でもあります。この心理によって、より一層「答えを知りたい」という欲求を喚起させてしまっているのかもしれません。安心するために誰かの「答え」を求め続けることは、一生「不安」を持ち続けることと同じです。皆さんもそれでも誰かの出した「答え」を求め続けますか？

12 ｜記入例は考える力・考える機会を奪う

今回のテーマは、「記入例は考える力・考える機会を奪う」です。世の中、さまざまな書類や書式があふれています。役所に提出する書類もそうですし、製品開発をする上で必要な各社の独自書式があり、多くの情報を記入することで申請を受け付けてもらえたり結果が検証されたりします。本コラムのテーマである「問題解決」でもさまざまな分析ツールが存在しています。これら書式は大きく分けてふたつの目的がありますが、残念なことに片方の目的のためにもう片方が影響を受け正しく運用されていないケースが頻発しています。今回は、この弊害について考えてみたいと思います。

書式は誰のためのもの？

さまざまな書式・テンプレートはいったい誰のためのものなのでしょう？　考えたことありますか？　おおむね、その書類を受け取る人、つまり「情報が欲しい側の人」のためです。そして、この情報を必要としている人が「確実に」かつ「効率よく」情報を集めるために、入力する情報を限定した「書式」が存在します。それでも、受け手が意図したものとは違う情報を入力する人々がいるため、「記載例」が作られ、可能な限り受け手の意図に沿った情報が入力されるように働きかけています。これは目的も意図も明確で疑いようがありませんね。

書式には「事実」を集めるものと「考え」を集めるものがある

では、「問題解決ツール」の場合はどうでしょう？　このコラムで何度も登場することになるタートル図やSWOT分析、さらになぜなぜ分析やFTA等、さまざまな書式が存在しています。そしてこれらツールも先ほどの書式と同じく、受け手が「情報」を求めています。しかしながら、これらツールには欲しい情報がそれぞれ異なるものが存在しています。FTAやフィッシュボーンなどの発生した事実を系統的に整理して「現状を把握する」ツールと、タートル図やSWOTなどの作成者が「どう考えているか」を知るためのツールです。自分が考えていることを情報として入力すればいいので、事実を集めて入力するツールよりも書きやすいと思うのですが現実はそうでもありません。皆さん圧倒的にタートル図やSWOTを苦手としています。

自分の「考え」を形に残すのは嫌

人は自分の考えを第三者に開示するのを避けようとします。自分の「考え」や「意見」を否定されると傷つくからです。本能的に自分が傷つくことから自分の身を守ろうとします。そのため、これら「意見や考え」

の入力を求められる書式に対しても「記入例」を求めます。あらかじめ「正解」と思われる情報を入手すれば、その情報に「寄せて」入力すれば、怒られもせず、否定もされず、自分が傷つく心配がありません。でも、それではわざわざ時間を使って入力してもらった情報から、その人が「どう考えているのか」という本来欲しい情報が入手できず、ただの記入例の複製が集まるだけで、結果として時間の無駄です。

情報を揃えることを優先することによる弊害

しかしながら、このような「記入例の複製」情報が問題解決の場で容認され、画一的な対策が世の中にあふれてしまっています。これは、情報を求める側が「情報を揃えること」を優先してしまっていることが一因です。要求された文書が揃っていることが優先された結果、情報を提供する側も集める側も無意識のうちに「自分の安心」を優先してしまっているのです。これは、前回の「答えが分からないと不安」でも紹介した行動心理です。

カタチに反応して答えを欲しがる

本来人はさまざまな考えや意見を持っているはずです。そしてその能力を保有しています。しかし、われわれは情報を揃えることを目的とした書式に慣れすぎてしまい、かつ自身が傷つくリスクを避けようとして、「空欄」がある書式を見ると、考えるよりも先に「正解」を求めに行ってしまうのです。本来「正解」などないはずの分析ツールも「記入例の複製・模倣」をすることによって「不正解してしまうかもしれない」という目先のリスク回避を確実にしようとしてしまっているのです。

記入例の提供は考える力・考える機会を奪う

これは、情報を集める側にも問題があります。なかなか出てこない情報を根気強く待ったり、人ごとに異なる入力された情報を解析することを避け、「効率的」に情報を集めようとすることは人々が自分自身で考え、思考をまとめたり適切な意見に変換するなどといった「考える力」を養う機会そのものを奪うことに他なりません。考える機会を失い続けることは、指示されたことを実行するだけの作業者を生み出してしまうことにつながりかねません。せっかく備わってる「考える能力」をもっと使わないともったいないですね。

まとめ

書式は大変合理的なツールです。そして「記入例」には良い面も悪い面もあります。結果に「再現性」を出したいのなら大いに利用しましょう。情報提供者の「考え」を知りたいのなら使うのはやめましょう。結局、ツールはツール、目的次第でどうにでも使えます。効率を求めるか、付加価値を求めるか、使う方がそれを考えて判断する必要があります。効率重視は自分たちの「未来」を捨てているような気がしてなりません。

13 | 失敗は振り返りたくない

今回のコラムのテーマは、「失敗は振り返りたくない」です。これまでのコラムでも、何度も何度も、人間は振り返るのが嫌いな生き物だ、とお伝えしてきました。その中でも、特に「失敗」は絶対に振り返りたくないのです。この性質によって現場で生まれてしまっている数々の「困りごと」について、今回は「振り返って」みたいと思います。

失敗はなかったことにしたい

誰だって失敗しますよね。特に初めてのことや、慣れていないことはまず失敗します。失敗すると皆さんはどう感じますか？　「くやしい」ですか？　「仕方ない」ですか？　感じ方はいろいろありますが、多くの人が最初に「恥ずかしい」と感じると思います。他人から見ればたいして恥ずかしいことでもないのに、本人にとっては一大事です。「穴があったら入りたい」とはまさにその通り。一刻も早くその場から立ち去りたくなります。できるならば今のは「なかったことにしたい」と思ったことがある方も多いのではないでしょうか？　この、「恥ずかしい」という心理が「振り返り」の邪魔をします。

記憶には恥ずかしい「気持ち」も記録されている

失敗は、振り返ったほうが絶対に再発を防止できるのに、決して振り返ろうとしません。将来また同じ失敗をして恥ずかしい思いをするかもしれないのに、振り返ることで再び感じる「恥ずかしさ」を避けるほうを優先してしまいます。今先送りしても、結局またいつか思い出して恥ずかしい思いをするのに、です。この件は、コラム40「忘れたい嫌な思い出はなぜ忘れられないのか？」でも登場します。

なぜなぜ分析は生き地獄

本人は忘れたいかもしれませんが、世の中はそんなに甘くありません。やらかしてしまったら、再発防止をしなければなりません。失敗の原因をつまびらかにし、他の人々にも情報を共有し、組織全体で同じ失敗をしないように対策を講じなければなりません。その道中で遭遇する「なぜなぜ分析」は、もはや生き地獄です。思い出したくない失敗を根掘り葉掘り聞かれ、なぜだなぜだと問い詰められます。実際には、周りも別に問い詰めているわけではありませんが、本人にとっては問い詰められているように感じてしまいます。

「恥ずかしい」を受け入れられない気持ちが「ないない」を生む

この苦しみから逃れるには、失敗の原因を吐き出さなくてはなりません。でも、「自分が悪い」とは言いたくありません。むしろ、この時点で「なんで自分がこんな目に遭うんだ」と被害者になってしまっています。そうして出てくる「なぜなぜ」は、いつもの「アレ」です。「ルールがなかった」「教えてもらってなかった」「知らなかった」「指示されていなかった」「気づかなかった」という「ないない」づくしの「他責化」や「これでいいと思い込んでいた」という「正当化」です。

ルール化と教育の無限地獄

こうなると対策は「新しい手順の作成」や「教育訓練による周知徹底」といういつもの「行動規制」対策です。誰かが何かをやらかすたびに新しいルールが作られ、言い聞かされ、確認事項が雪だるま式に増えていき、ますます「ないない」の状況を補強していってしまいます。これは、「言わなくても分かるでしょ」の回でもお話しした、われわれの「他人を行動で評価してしまう」特性がそうさせてしまうのです。本人に強制的に反省を促し、「行動変容」を強要します。これではますます振り返ることが嫌になってしまいます。

結局全て「リスク回避」が発端

このように、振り返りでは「恥ずかしい」思いをすることからの回避、なぜなぜでは失敗を受け入れなければならない「自己否定」からの回避を優先してしまっているのです。つまりは「自分が傷つくこと」を避けようとしているのですね。これは、「感情」と「行動」が結びついているわれわれ人間が、絶対に逃げられない「宿命」なのかもしれません。

問題解決は「事実」に着目する

そうは言っても、失敗は再発を防止しなければなりません。万が一、人がけがをしたり、多くの人々に悪影響を及ぼすような出来事ならなおさらです。でも、自分たちの「感情」が問題解決の邪魔をしてしまう。そんな時には、起きてしまった「出来事」=「事実」に着目すればいいのです。「なぜなぜ」で出てきた「ないない」たちは、どれも「環境や背景」を語っており、「出来事」が語られていません。これでは人の「行動」、そして「行動」にひもづいている「感情」に働きかけ、「リスク回避」を生んでしまいます。「出来事」に着目すれば、「行動」や「感情」は切り離すことができ、冷静に失敗と向き合えます。

まとめ

このように、失敗から始まる「問題解決」に「失敗」してしまうのは、人の「行動」と「感情」に着目してしまい、「リスク回避」を優先させてしまう状況を作り出してしまっているからなのです。「出来事」=「事実」に着目すれば、人は冷静に現状を見ることができ、「失敗」とも向き合えるのです。その具体的な方法は、「CITA式問題解決トレーニング」で学ぶことができますので、興味のある方は、まず『問題解決の教科書』を読んでみてください。(宣伝です笑)

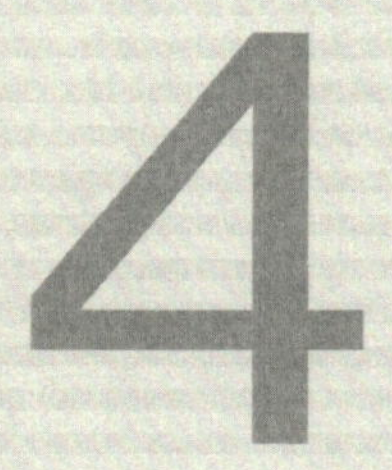

第4章　PDCAはなぜ回らない？

◉

PDCAは業務改善には必須のプロセスです。しかし、なぜかPDCAは回りません。なぜなのか？　やはりこれにも理由があります。入口を間違えると押しても引いても開きません。しかし、われわれは間違い続けます。いったいなぜなのでしょう？

14 | 無計画な旅は本当に無計画なのか？

今回のコラムのテーマは、「無計画な旅は本当に無計画なのか？」です。旅と問題解決に何の関係があるのでしょうか？　実はとっても深いつながりがあります。では、今回も一緒に考えていきましょう。

憧れの無計画旅行

その日の行き先も決めず気の向くままに好きな場所を訪れ、その日の宿はたどり着いたところで決める、気に入ればそこにしばらく滞在し、次に進もうと思ったらまたふらりと出発する、旅は一期一会、そんな旅に憧れますよね。計画に縛られない、そんな自由気ままな無計画な旅がしたい……。

でも、その無計画な旅、本当に無計画なのでしょうか？　実はそうではありません。むしろ綿密な計画に基づいて旅が実行されています。実は僕も学生時代、大学を一年休学をしてオーストラリアに渡り、バイクでオーストラリア大陸をぐるりと一周する旅に出かけたことがあります。その時あらかじめ決まっていなかったのは、その日訪れる場所と宿泊先。そう、旅で一番必要な目的地です。これが決まってないと、ほとんどの人が「無計画な旅」と言います。でも、その一方で多くのこと＝ルールが自分の中で決められていました。最終目的は大陸一周、一日のおおよその移動距離、一日の食費、やってみたいこと、宿泊はテント、あらかじめ決めておいた大きな街に着いたらバイクを整備する、何かあった時の連絡先・連絡手段を確保しておく、等など、自分の目的や行動指針を決めて、それらを判断基準にその日の計画を決めていました。本当に無計画で出発したら絶対にどこかでいき倒れです。

視点が計画を無計画に変える

このように、人は自分で決めた判断基準から外れたものを「妥当である」と評価しません。計画はどんな視点で立てるかによって、計画的にも無計画にも見えます。どこに自由度を持たせるかはその人次第です。逆にほんの少しの自由度すら嫌う方もおられます。そういう方はパッケージ旅行に参加されるのが快適に感じられるでしょう。特に日本人は全て整えられたパッケージ旅行を好む人が多いようです。パッケージ旅行であればあれこれ心配せず安心して旅行を楽しむことができます。つまり、プロに「PDCA」の「P」を外注して、自分は「D」を楽しむわけですね。一方、自分で「P」を作り込んで、「P」通り「D」することを好む人もいます。僕の場合は、「P」の段階で全体日程（Delivery）や予算枠（Cost）を決め、その中で日々の行動や宿泊先は現地調整の余地を残し、そうすることで得られる旅の醍醐味（Quality）を楽しむ、という計画を立てたわけです。もちろん最重要の身の安全（Safety）にもその時できる最大限の備えをして。

しかし、これは「実行するのが一人だから成立した」とも言えます。この方法に参画者が増えると必ず意見の対立が生まれ計画は破綻します。そうすると、本来の旅とは別の問題も発生してしまい、楽しかったはずの旅が台なしです。なので、複数で旅をするなら、ある程度行動が制約されても計画的な旅行のほうが旅を楽しめるでしょう。複数の人々が集まり、現地調整の余地を持たせた旅行をしようと考えてみてください。きっと旅はてんやわんやです。「トラブルこそ旅の醍醐味」という人もいるかもしれませんが、ほとんどの人がトラブルが起こると分かっている旅に出ようとは思わないはずです。

プロジェクトは無計画な旅？

ところが、われわれが日々過ごす現場ではこの状況に極めて類似した環境に皆さんがさらされています。そう、「新製品導入プロセス」です。本来、大勢のチームメンバーが、最短で、最小コストで、快適に、開発が進められるようにプロセスが設計され、そのプロセスに基づき計画を立て、決まりごとを作り、進捗を確認しながら進めていくはずですが、現実は……。皆さん自身のほうがよくお分かりだと思います。パッケージ旅行の計画を立てるどころか、現地調整の余地だらけの気ままな旅を大勢で開始し、さまざまな問題が発生していることでしょう。お互いが「できてます」報告を繰り返し、隙があれば自責を他責に振り替え、膨大なやりなおしコストをかけながら、常に時間との勝負に挑んでいます。

どうやら、製品導入プロセスだけはパッケージ旅行のほうが快適なようです。大勢の人たちを連れて憧れの気まま旅をリードするなんて、僕には絶対無理です。皆さんはどうですか？　それでも気ままな旅を選びますか？

学生と違って社会人になると時間の制約があって、なかなか自由な旅ができないと言われますが、学生時代もいずれ終わりが来るわけで、大きな時間軸で見れば制約があります。大事なのは、まず時間軸を決めて、その中であらかじめ決めることと自由度を持たせるところを分けて、最終ゴールを明確にしておくことです。そうしておけば、たとえ短期間でも自由気ままな旅ができると思います。プライベートでは自由気ままな旅には出かけられないけれど、仕事では自由気ままな無計画旅を続けている皆さんも結構おられるのではないでしょうか？

まとめ

そんなわけで、今回のテーマ「無計画な旅は本当に無計画なのか？」でした。皆さんが「退屈」と思うパッケージ旅行の詳細、一度よ～く読み込んでみてください。実によくできた計画です。なにせ分刻みで行動が計画されていますからね。計画をしっかり読み込んでからツアーに参加してみると、「こんなに用意周到にいろいろと計算されていたのか！」という発見があって意外と楽しめるかもしれませんよ。

15｜信頼って何？

今回のコラムのテーマは、「信頼って何？」です。ここに来て重めのテーマになってきました。「信頼」、英語で言うと「Trust」ですね。「あなたを信頼しています」……とっても嘘くさい響きですね（笑）。ビジネスの場では信用や信頼は必要不可欠です。むしろ、ビジネスはこの言葉の上に成り立っていると言っても過言ではありません。人から信頼を得ようと思ったら、皆さんはどうしますか？　「私を信頼してください」と伝えますか？　「信頼」は不思議な言葉で、「自分を信頼してくれ」と口に出した瞬間、それ自身の効力を失います。「ありがとう」とか「ごめんなさい」とは対極の言葉なのですね。

「信頼」を得るために必要なこと

人から信頼を得るには、行動で示すしかありません。口先だけでは信頼は絶対に得られません。だからと言って、ただ行動だけしていればいいわけでもありません。言動が一致しなければなりませんし、一度起こした行動をやり続けることが必要です。そして、残念ながらその行動はやめた瞬間に信頼を失ってしまいます。なかなか大変な労力ですね。では、その大変な「行動」とはいったい何をすればいいのでしょう？　答えはひとつではありませんが、少なくともこれまでのこのコラムで取り上げてきた、「説明責任」を果たし、「できてます報告」で逃げようとせず、仕事を「無計画な気まま旅」で行わず、「結果オーライ」を正当化せず、「キャリーオーバー」と言ってリスクを過小評価せず、「問題ありません」でその場をやり過ごさない、ことが必要ですね。

求めれば求めるほど、人はPDCAから離れていく

これまでのコラムでテーマは毎回変わりましたが、結局言っていることは「PDCAを回しましょう」ということです。そして、PDCAを確実に運用することが、「人から信頼を得る手段になる」ということですね。世の中至るところで「PDCA・PDCA」と言われ、分かっちゃいるけど気が付けば「真逆のPDCAが回っている」ということをコラム04「『終わり良ければ全てよし』は本当に良いのか？」でも紹介しました。そして毎度毎度登場して恐縮ですが、皆さんが大きらいなISOやIATFの要求事項は、PDCAで構成されています。しかし、人はやれと言われるとやりたくなくなるという性質を持っているので、誠に残念ながらISOやIATFがPDCAを求めれば求めるほど、人々はその逆の行動を取り、見事に真逆のPDCAプロセスを構築し、実行しているわけです。

リスク回避能力の使い道

でも、前回もお話ししましたが、人間は元々リスク察知能力を持っています。そして、その察知したリスクを避ける習性も持っています。その習性を今は、ISOやIATFという「すんげー面倒くさい仮想敵」から逃げることに使ってしまっています。なので、この習性を本来やりたい「製品開発のリスク検出とリスク低減」に使えるようにすれば、元々持っている能力を発揮するだけですので、「面倒くさい」と思うことなく、自分たちがやりたい、「物事を前に進める」という目的も達成しつつ、「想定外」のリスクを「想定内」に取り込み、「イシューの発生を防止する」という活動につなげていくことができます。

まとめ

そうした活動が実践されている組織は、外部からも信頼され、次の新しい機会にも恵まれます。そして、そういう組織は、わざわざ自己過大評価をしなくても、周りから評価され、自己実現も自己成長も感じられる、働きがいのある職場になります。そんな夢のような職場を作り出すお手伝いをし、一緒に実現していくことがわれわれKAIOSの目標です。もし今、皆さんが何か現場でお困りのことがあれば、どんなことでも結構ですのでぜひお声がけください。一緒に最適解を見つけていきましょう！

16｜チェックリストは何をチェックするためにある？

今回のコラムのテーマは、「チェックリストは何をチェックするためにある？」です。「そんなもん、忘れてはならないものを網羅的かつ確実に確認するためでしょう」その通りです。が、今回お話ししたいのは、「何を＝What」の話ではなく、「どのように＝How」のお話です。

チェックリストは便利なツール

チェックリストというと、退出時や始業前の点検、はたまた健康診断などさまざまな場面で利用されています。是正処置などでも、その対策で新たなチェックリストが作られますね、やるかどうかは別にして。人間の記憶は曖昧なので、無意識でも同じことが繰り返せるほどの行動記憶にまで到達した状態を除き、必ず何かをし忘れますよね。その「忘れ」の未然防止としてチェックリストを使うことは大変理にかなっています。つまり、実行する側にも管理する側にも、大変効果的かつ効率的なツールです。なので、このチェックリストを否定するつもりはさらさらありません。今回お話ししたいのは、この便利すぎるツールの落とし穴についてです。

チェックリストの落とし穴

このツール、あまりに便利すぎて「チェックリストの項目が全て揃っていればいい」と盲目的に過信してしまうことで弊害が生じることがあります。それが、いわゆる「ゲートチェック」の場です。多くの組織で製品開発のプロセスにおいて、いくつかの大切なゲートが設定されていると思います。DR（デザインレビュー）などがそれですね。そのレビューで抜け漏れがないように、チェックリストが作成され運用されていると思います。が、ここが問題なのです。多くの組織でDRと称したこの「チェックリストレビュー会」が行われてしまっているのです。関係者が集まり、このチェックシートを広げ、ひと項目ずつ確認を始めます。大抵の場合、期待される活動や成果物が決められていますので、それらを「やりました」とか「作りました」と言ってOKにチェックを入れていきます。そして、ほぼそれら成果物はその場で開かれることはありません。全て口頭ベースでの確認で淡々とチェックが進んでいきます。そうして最後の項目までたどり着き、全てOKでDRが承認されクローズされます。

チェックリストの使い方が間違っている

これ、正しい姿でしょうか？　この方法でやったことは、いわゆる「棚卸しチェック」ですね。あるなしが確認されただけで、その中身は全く確認されていません。このような棚卸し確認をデザインレビューとしてしまうと、リスクが全く議論されないままプロセスがどんどん進んでいき、量産開始後や市場に出てから問題となって返ってきます。つまり、ここで悪かったのは「チェックリストをレビュー」していることです。「でも、抜け漏れを防止するためのチェックリストを使ってチェックをしたのだからいいのでは？」と思うかもしれません。そう、チェックリスト自体は間違っていません。間違っているのは使い方です。

ゲートチェックのためのチェックリストは、いわゆる「パフォーマンス評価用」に作られています。アイススケートなどの採点競技のように、目の前で発揮されたパフォーマンスが規定の項目を満足しているか？　という視点で作られています。なので、これらチェックリストはパフォーマンスを監視する人、プロジェクトでいえば「プロジェクトマネージャー」や「品質保証」担当者が、プロジェクトのパフォーマンスを評価するために使うのです。たとえば、それぞれの開発担当者が、デザインレビューでこれまでの開発の進捗を資料やサンプルを提示しながら関係者に報告する、その過程を見ながら、監視担当者がチェックリストを使い規定されている項目が報告の中にきちんと含まれ、適切に議論・実行されているかを確認するのです。これによりデザインレビューの有効性を確認・保証するのです。

現場のニーズが手段を目的に変えてしまう

おそらく、どんな組織でも最初はそうやって使われていたのが、何度チェックをしても必要な項目が揃わないので、確認する側がしびれを切らし、「このチェックリスト渡すから、必要なもの耳揃えてもってこい！」となり、言われたほうも「最初から準備するものが分かっているなら、後でうるさいこと言われなくて済む」ということでお互いが効率のいいやり方を求めた結果、やがて本来の目的が見失われ、「チェックリストの項目が揃っていればいい」という運用になってしまったと推測されます。

まとめ

このように、監視する側が、パフォーマンス評価から棚卸し評価にかじを切ってしまったため、チェックリストも本来の目的を失ってしまったのですね。このチェックリストのように、組織の中には本来の目的とは違った役割を強いられているツールたちが他にもたくさんあります。それらについてはまた次の機会にでもお話ししたいと思います。チェックリストは「存在」を確認する使い方と「パフォーマンス」を評価する使い方ができます。品質マネジメントの世界では、「存在」は当たり前で「パフォーマンス」を評価することが第一義となっています。皆さんはチェックリスト、「パフォーマンス」評価に使っていますか？

17｜レビューは失敗のもと？

今回のコラムのテーマは、「レビューは失敗のもと？」です。まず「レビュー」っていったいなんでしょう？　パッと答えられますか？　それを考えるためには「レビュー」に必ずついてくる「承認」についても考える必要があります。「レビュー」は計画や成果の妥当性を確認し、「承認」はそれを認める、ってことですよね？　もう少し言うとしたら、「承認」は、「これをもって次のフェーズへ移行することを認める」といったところでしょうか。プロジェクトなどの大きな節目では、マネジメント＝経営層による「レビューと承認」が設定されているケースも多いです。では、このマネジメントによる「レビュー」も「失敗のもと」なのでしょうか？

マネジメントはレビューしてはならない

僕が以前に受講した品質マネジメントシステム（QMS）の講習会で、講師の方が「マネジメントはレビューをしてはならない」「マネジメントによるレビューは嘘の報告を招くことになる」とおっしゃっていました。それを聞いた時僕は「いやいや、マネジメントに嘘つくなんて、そんな度胸ないよ」と思いました。皆さんはいかがですか？　きっと「はい、私嘘つきます」なんて人はいないと思います。ところが、実際にプロジェクトのゲートレビューを見てみると、なぜかほとんどのケースが「条件付き承認」で進んでいきます。そして、その「条件」がその後速やかに解消されることはまずありません。

条件付きは条件なしも同然

なぜ、承認が条件付きになってしまうのでしょうか？　それはマネジメントのレビューまでに、DR（デザインレビュー）などのレビューや積み残しの刈り取りが完了していないからです。「もう少し先でないと最終確認が完了しませんが、今日このゲート承認もらわないとサンプルをお客さんに提出できません。なので、いったんここを通してください」となるわけです。「ここを通してくれないとお客さんに迷惑がかかります」「量産試作ができなくなり、準備している工場にも迷惑がかかります」とお客様や後工程を人質に取られ、マネジメントも「分かった。じゃあ、いったんここを通すけど後でキチンと確認しろよ」と通してしまうのです。

人は終わったことに対しては関心が急速に失われるので、通ってしまえばこっちのもんです。「条件」なんてなんとやら、プロジェクトは前へ前へと進んでいきます。前に進めば、またさらに前に進むための、優先度の高い新たな課題が生まれるので、そちらに目が行きます。以前のコラムにも出てきたとおり、人は前に進むことを優先する生き物なので、目的が達成されるまで終わったことは振り返りません。「後でやる」と言っていたことも、「他に優先事項がある」といって置き去りにします。このように、約束はほごにされ、結果として「嘘」をついたことになります。まあ、中にはゲートを通過するために、終わっていないことを「ほぼ終わった」とか「終わっているという理解です」のような、判断を相手に委ねる（押し付ける？）言い方で逃げる（強引に通る）人もいますが。

マネジメントはレビューではなく判断・結論を承認する

なぜこんなことが起こってしまうのでしょうか？　それは、これがマネジメントによる「レビュー」だからです。マネジメントが一緒に進捗を確認してしまっているので、このような状況を生んでしまっているのです。マネジメントは一緒にレビューをするのではなく、「プロジェクトチームによって行われたレビュー」の結果から導き出された「判断」を報告させる必要があるのです。どういうことかというと、レビューの場は「レビューによって得られた判断・結論を生み出す」ことが目的なので、マネジメントがレビューしてしまうと、意思決定権を持つ「マネジメントが判断・結論を生み出す」ことになります。そうすると、「マネジメントがOKした」という大義名分が生まれ、何かあっても「マネジメントがそう判断した」という言い訳ができるようになってしまいます。なぜなら、そうすることがプロジェクトメンバーのメリット＝「責任回避」につながるからです。

そうならないためには、マネジメントは「プロジェクトチーム自らが下した判断・結論」を報告させ、その判断根拠を経営判断として「承認」する必要があるのです。これにより、プロジェクトチームには「説明責任」が生まれ、判断・結論を導くための活動に「根拠」が生まれます。そうすれば、前回のコラムでお話ししたDRも、「棚卸しレビュー」ではなく「パフォーマンスレビュー」になり、DR自体の有効性も高まります。つまり、マネジメントが「レビュー」をしてしまうことにより、現場は自分たちで判断・結論を下す必要がなくなり、自分たちで責任を取る必要もなくなる、ということになります。そうすると、決められたことが「やってあればいい」とか「そろっていればいい」となり、それすら「後でそろえればいい」と後送りになり、本来自分たちのゲートで完了していなければならない数々の成果物までもが、後送りになっていってしまうのです。

しくみは使い方を間違えると失敗のもとになる

このように、本来失敗を防ぐために作られたしくみも、使い方を間違えてしまうと、「失敗を自ら生む元凶」となってしまうのです。しかも、そうしている本人たちもその原因に気づいていないため、失敗したとしても、その理由を人や環境のせい（他責）にし、失敗を封じ込めるために、次から次へと新しいしくみを作り出していってしまいます。前回のチェックシートもそのひとつで、組織中にとても対応しきれない数のチェックシートが生まれていきます。まさに負のループです。

われわれはついつい「上がいいって言った」ということを判断の根拠にしてしまいがちですが、そうではなく、できるならば「自分たちが生み出したこれらの結果に基づき、これでいいと考える」ということを判断根拠にしたいものです。そうすれば、マネジメントからも信頼され、お客様にも同じような説明ができ、ひいてはお客様からも信頼を得られることにつながります。

まとめ

いかがでしたでしょうか？　われわれ人間の「前に進みたい」という

欲求が、「どんなことをしてでも」という修飾語に引っ張られ、その思いが心配性のマネジメントの心理にも作用し、「失敗防止」から「失敗助長」のしくみ運用になってしまっているのだ、ということがお分かり頂けましたでしょうか？　では、「前に進みたい」欲求と「失敗防止」の両立はできないのでしょうか？　答えは「Yes、両立できます」です。その方法については……また今度、ということで（笑）

18｜タイパは正義なのか？

今回のコラムのテーマは、「タイパは正義なのか？」です。「タイパ、タイパ」が叫ばれて久しい今日この頃です。ひと昔前は「コスパ、コスパ」が全盛でした。ではなぜ今「タイパ」なのでしょうか？　今日はこの「タイパ」について考えていきたいと思います。

「タイパ」はネット社会が生み出した評価価値

初めに「タイパ」の意味ですが、「タイムパフォーマンス」のことですね、かけた時間に対する成果、取り分、といったところでしょうか。「コスパ」の「費用対効果」に対して「時間対効果」と言ってもいいかもしれません。では、なぜこんな言葉が今になって使われるようになったのでしょう？　それは、昨今のネット環境の高速化に影響を受けていると考えられます。どんな情報も個人携帯端末を使用すれば、あっという間に手に入れることができるようになりました。そして、われわれがその環境に順応し「当たり前」になったことで、「即効性があることが正義」と社会全体が思い始め、時間がかかることに対して「時間対効果」が悪い、つまり「効率＝タイパ」が悪い、と感じ始めたことにより表面化した価値であると考えられます。現代ならではの評価基準ですね。

「タイパ」と「コスパ」はトレードオフではない

では、一方の「コスパ」はどうでしょう？　「費用対効果」ですから、尺度はお金ですね。なるべく少ない費用でより良い品・サービスを手に入れたい、というニーズに基づいた評価基準です。この時、時間軸は補助的評価軸で、「時間がかからないに越したことはないけれど、時間がかかる分安くなるならそれを受け入れる」という許容幅も持っています。しかし「タイパ」は違います。時間が最優先だけど、「時間がかからない分、費用が余計にかかることを容認するか？」というと必ずしもそうではなさそうです。むしろ、「早くて安いものしか許容しない」という強烈なニーズがそこには含まれているように思います。もはや「コスパ」の時のようなトレードオフ関係は成り立ちません。

「エイジング」と「タイパ」は両立するのか？

「タイパ」と対極にある価値「エイジング」は日本語にすると、「熟成」や「熟練」など、時間の経過とともに得られる付加価値を指します。人間の技量もそうですが、食品や機械加工品などにも当てはまります。長い時間が経過することによって生み出される成果物は、その期間を「見守ってきた」という記憶も伴い、愛着や愛情も育まれます。それは数カ月から数年、時として数十年、数百年に及ぶこともあります。われわれ人間は、こうした時間軸でこれまでさまざまなものを評価してきました。人生のサイクルは年単位です。その間、春夏秋冬の四季があり、農作物の成長・収穫なども、この一年のサイクルの中で繰り返されてきました。そして、今も脈々と続いています。

季節の巡りが人の生活のサイクルを作り出した

このサイクルの中で、人は先を予測し、備え、意図した成果を生み出すことを目標に暮らしを営んできました。この、「一年」というサイクルは、出来事を覚えておくには少々長く、記憶頼りは成立しません。しかし、同じ季節は必ずやってきます。そこで、人々は記憶を記録し文書化することで、得られた知識・経験を維持し、他者とも共有できるようにし、失敗を避け、成功を得ようとしてきました。

「タイパ」は「今」を取り「将来」を捨てている？

しかし、現代の時間の流れは、この季節基準のサイクルをはるかに超えたスピードになりました。成果を求める時間軸がどんどん短くなり、われわれ人間が根本的に持っている「今、得をしたい」という気持ちを加速させ、将来得られるはずの利益を捨ててしまっているように思えます。将来を捨てることは「想像力」を失い、そこから生まれるはずの「未然防止」ができなくなる、ということにつながっています。

「タイパ」は満足も一瞬

少々強引な考え方かもしれませんが、「タイパ」はPDCAサイクルの「D」を求めすぎた末に生まれた価値で、残りの「P・C・A」を捨てているのかもしれません。これは、これまで人間が生み出してきた、「時間をかけたことによる付加価値」である「創造的価値」や「愛着」を放棄し、「今すぐ満足したい」という即効性のみを追い求めることを意味し、すぐにまた「次の満足」を求めて追いかけ回す、達成感のない不幸なサイクルに足を踏み入れてしまっている、ということではないでしょうか？

まとめ

「想像する」楽しみ、「待つ」楽しみ、「育てる」楽しみ、時間がわれわれに与えてくれる楽しみは、「効率」には変えにくい価値があるように思います。そして時間をかける楽しみの究極は「考える」ことだと僕は思います。何かの完成・完了を想像してワクワクしたり、頭を悩ませ、時間をかけ、考えに考え抜いて導き出した結論は、時間をかけた分だけ輝いているように思います。皆さんはいかがでしょうか？　それでもやっぱり「タイパ」を求めますか？

19 ｜計画するのが大嫌い

今回のコラムのテーマは、「計画するのが大嫌い」です。世の中これだけ「PDCA、PDCA」と言われているのに、最初の「P」からつまずき、時間に追いたてられるように「Just do it」とばかりに「D」を突っ走っている人々のなんと多いことか……。今回は、「なぜ人は計画を立てたがらないのか？」について考えていきたいと思います。

計画を立てるのは面倒くさい

何かを始めようとした時、必ず「計画を立てよう」と思いますよね。でも、いざ計画を立てようと思うと足りない情報だらけです。何が足りないのかもよく分かりません。そんな時は、誰かに聞いたり本や雑誌などの記録を見たり、今の時代ならネットで検索したりして情報を集めます。そうして得られた情報を活用して、自分がやりたいことが実現できる可能性が高くなる方法を考え、道筋を作っていきます。「計画を立てている時が一番楽しい」という方もいます。さまざまな可能性を考え、「あーでもない、こーでもない」と想像するのは楽しいですよね。でも、そんなプロセスを楽しめる人はそう多くはないのです。大多数の人はそれが「面倒くさい」のです。

「なんとかなるだろう」が合言葉

あれこれ考えたり準備したりしているとなかなか行動を開始できません。やろうと決めたら一秒でも早く始めたいのにいちいち計画立てて……なんてじれったいのです。ついに我慢できなくなり、「なんとかなるだろう」と始めてしまいます。「今までもなんとかなった」という悪しきレッスンズラーンドがその判断を正当化します。そうして、文字通りの「無計画な旅」を始めてしまいます。

成りゆきの結果オーライ

無計画で始めるので、得られる体験や結果はその時次第、「成りゆき」です。思っていた通りになることもあれば、そうならない時もあります。逆に、思っていた以上の体験ができることもあります。そうすると「ほら見ろ！　いちいち細かい計画なんて立ててたらこんな体験できなかったに違いない！」と現状肯定を始めます。結果として「良かったこと」を評価し、「結果オーライ」で締めくくります。でも、それって楽しいですか？　まあ、楽しいですよね。こうした取り組み方も選択肢のひとつとしては「あり」だとは思います。

なぜ計画を立てたくないのか

では、なぜみな計画を立てたがらないのでしょう？　計画を立て、計画通りに進めることにも醍醐味はあります。計画は所詮「机上の空論」、全てがそのとおりに進むはずがありません。想定外のことが起こり、それに対処しつつ計画したラインに戻す、対処しきれない時はその場で計画を変更し、そうしてまた新たな計画を実行しゴールを目指す。そんな取り組みも「成りゆき戦略」とは違った楽しみがあります。が、やっぱり計画は「立てたくない」。そこには「面倒くさい」以上の理由があります。その理由とは、「責任回避」です。

計画を立てると責任が生まれる

「責任回避」と聞くと少々大袈裟に思えるかもしれません。が、確実にこれが「計画を立てる」ことから人々を遠ざけているのです。どんなことでも、計画を立てると「その計画通り進めなければならない」という「実行責任」が発生します。しかも、計画は比較的多くの人の目にさらされます。こうなると、この「計画を実行する」よりも先に「計画通りできなかったらどうしよう」という「不安」が生まれます。そう、「計画立案」は「リスク源」そのものなのです。計画を立てることを嫌うのは、われわれの「リスク回避能力」が発揮された結果だったのです。

リスク回避を続けた結果「成功体験」が生まれない

このように、計画を立てることを避けようとするのは「リスク回避」による反応であり、「リスクから逃げた」という事実を正当化するために、必要以上に「結果オーライ」の成果を過大評価します。不安を乗り越え、計画通りに進めて得られる「達成感」と、計画通りできなかった時の責任や自分が傷つく「リスク」をてんびんにかけ、「リスクを避ける」ほうを選択した結果なのです。このてんびんは、計画を実行して得られる「成功体験」が積み重なればバランスが変わるのですが、ほとんどの場合「リスク回避」を選び続け「成功体験」が生まれることはありません。

人間は責任を背負い込んでしまう

このように、かたくなに「リスク回避」を選んでしまう背景には、われわれ人間が実は「責任感が強い」ことに要因があるのかもしれません。これは、「プライドが高い」と言い換えることができます。別に計画通り行かなくったっていいし、一人で全部やらなくったっていいのに、勝手に全ての「責任」を背負ってしまい、押しつぶされるような不安から逃れようとしてしまっているのです。そんな心の重しを取り除いて不安を和らげてあげることができれば、背負い込んだ「責任」と向き合えるのかもしれません。

まとめ

いかがでしたでしょうか？　人間の「リスク回避」能力がさまざまな場面でわれわれの行動に影響を与え、本来やりたいこととは違う方向に向かわせてしまっていることがお分かり頂けましたでしょうか？　困りましたね。でも、こんな状況を変えることができる方法があります。それは、「現状を見える化」することです。現状を「見える化」し、それを受け入れることができれば、冷静な判断ができます。そのためには、「ツールをうまく使う」必要があります。人間は、これまでも道具を使って「不可能」を「可能」にしてきました。マネジメントシステムにも、そんな「ツール」が用意されています。それら「ツール」については、また別の機会でお話ししたいと思います。

20｜ガントチャートってなにものなんだ？

今回のコラムのテーマは、「ガントチャートってなにものなんだ？」です。ガントチャートをご存じですか？　プロジェクトマネジメントではおなじみのツールですね。縦軸にToDoアイテム、横軸に期間を取り、それぞれのアイテムがどれくらいの期間で実施されるのかを横棒や矢印で表記し、計画と実績を管理するツールです。今回は、前回の「計画するのが大きらい」で考察した「リスク回避」を回避するツールとしての役割を考えていきたいと思います。

やっぱりガントチャートを作るのも面倒くさい？

人間は、基本的に計画を立てるのが嫌いなので、いくらツールがあったとしてもそれらを使おうとしません。今後の計画をあれこれ細かく立てるなんて面倒くさいの極致です。絶対に作りたくありません。しかし、品質マネジメントシステムではこれを必須文書として位置付けています。自動車業界でも顧客の発行する品質マニュアルで、作成・提出を義務付けています。こうなると、「面倒くさい」とか言っている場合ではありませんので作らざるを得ません。かといって、素直に作るわけもありません。だって、人間なのですから。

計画は最後に作る？

計画以外にも要求されているさまざまな文書は、量産準備資料として新製品導入プロセスの最後にまとめて提出しますので、予実（予定と実績）を含めた全ての記録が揃っていなければなりません。逆に言えば、それら文書は「提出直前にそろっていればいい」ことになります。ということは……。後は想像にお任せしますが、提出されるガントチャートは大抵予実がキレイに揃った完璧な見た目をしています。不思議ですね。

ガントチャートは何のためにある？

そんな話はさておき、改めてガントチャートが何のためにあるのか考えてみましょう。もう一度、ガントチャートの構成を見てみます。縦軸にはこれから実施する、しなければならないタスクがずらっと並んでいます。そして、横軸は時間軸です。プロジェクトなら、そのプロジェクトの開始から終了までの期間が取られています。チャートの上方には、大きな節目＝マイルストーンが記載され、各タスクで完了した成果物が次にどのタスクにインプットされるのか矢印でつながれています。活動期間がバーで示され、その予実が記録されていきます。そうして活動の進捗を監視し、遅れのありなしなど、現在の状態がひと目で分かるようになっています。

ガントチャートはPDCAの見える化ツールだった

もう気づきましたね。そう、ガントチャートは、「あらかじめ決められたことを（P）」「決められた通りに実行し（D）」「進捗を確認し（C）」「遅れなどがあればすぐに対処する（A）」ことができるようにするための、「PDCAを見える化する」ためのツールなのです。これを見れば、そのプロジェクトがどのような経過をたどって進められてきたのかもひと目で分かります。顧客にとっては「安心」するための、サプライヤーにとっては自分たちがちゃんとできることを「証明」しつつ、遅れなどが生じた場合は、その理由を「振り返り」、次の計画を立てる時に同じ失敗をしないようにするための「改善」ツールでもあるのです。

ガントチャートのもうひとつのメリット

進捗の見える化は、全体の何％まで達成したかがひと目で分かり、われわれ人間の持つ「コンプリートしたくなる」性質をくすぐり、最後まで確実に完了させるモチベーションを生み出します。このように、ガントチャートは「PDCAサイクルの実装」と「計画を最後までやり遂げる環境を作り出す」ための、強力な支援ツールだったのです。

「面倒くさい」から「やってみたい」への変化

計画を立てることで生じる「責任」からの回避が、成りゆきの「結果オーライ」戦略を生み出してしまっていましたが、ガントチャートというツールが計画の実行を「サポート」し、自ら進捗を監視・記録することで前に進める「モチベーション」を生み出し、活動を成功に導く「手助け」をしてくれます。失敗するかもしれないという「不安」を、ツールが「好奇心」に変え、「やりたい」と思ったことを実現するための「サポーター」になってくれます。そうして、計画を達成したという「成功体験」を積み重ねていけば、人は今まで恐れていた「困難」にも勇気を持って立ち向かっていけるのです。

まとめ

いかがでしたでしょうか？　人間の持つ「リスク回避」を優先する性質も、「ツール」を活用することで「不安」に打ち勝つ「好奇心」に変え、「挑戦」できるようになります。「挑戦」した先には「成功体験」が待っており、それがまた次の「挑戦」へと後押しします。皆さんも、何かに取り組もうと思ったらガントチャートを作ってみるといいかもしれません。きっと心強いサポーターになってくれます。あ、ちなみにこのガントチャート、自動車業界では「APQP」って言われています。知ってました？　……よね？

21｜PDCAを回したかったらCAPDoから始めよう

今回のコラムのテーマは、「PDCAを回したかったらCAPDoから始めよう」です。ん？　CAPDo?　PDCAと何か違うの？　と質問が来そうですね。そう、PDCAではなくCAPDoなんです。順番が入れ替わっただけのように見えますが、実はCAPDoから始めないとPDCAって回らないのです。知ってましたか？　世の中でこれだけ「PDCA、PDCA」と言われているのに、実際にPDCAが回っている実感を得られている人って意外と少ないのではないでしょうか？　PDCAが回らないのは実はCAPDoから始めていないからなんです。今回はそのからくりを一緒に考えていきたいと思います。

なぜPDCAは回らない？

皆さんもPDCAってよくご存じですよね？　「Plan」「Do」「Check」「Action」それぞれの頭文字を取ってそう呼ばれています。計画・実行・検証・改善のサイクルを回して、より良い活動にしていく基本プロセスのことです。世の中のありとあらゆる組織や個人の取り組みの中で、この「PDCA」の実践こそが必要かつ必須の取り組みと考えられています。が、このPDCAサイクルがうまく回っている事例はまず見かけません。なぜでしょう？　それは、この取り組みを「P」から始めてしまっているからなのです。

「P」から始めると必ずプロセスは止まる

「へ？」と思いましたか？　思いましたよね。活動を始める前に計画を立てるのは当然でしょ？　と思った方も多いのではないでしょうか？
その通りです。計画を立てなければ、PDCAは始まりません。が、実は計画を立てる前に「必要なこと」があるのです。でも、ほとんどの人たちがその「必要なこと」をやらずに計画を立て始めてしまっているのです。これは以前のコラムでも書きましたが、人は見栄っ張りなので計画を立てようとする時に、思いっきり風呂敷を広げてしまいます。大風呂敷も大風呂敷、側から見たら「え？　そんなこと本当にできるの？」ということまで計画に盛り込み、いわゆる「机上の空論」から「できもしない計画」を立ててしまいます。つまり、「絶対に実現できない計画」を立ててしまうため、その活動は最初からつまずいてしまうのです。

なぜできもしないことを言い出すのか？

ではなぜ、人はできもしないことを言い出してしまうのでしょうか？

それは、最初に言ったように「P」から始めてしまうからです。「計画」から取り組みを開始しようとすると、人は「べき論」に引っ張られてしまい、「こうあるべき」「こうするべき」という理想論を優先してしまいます。自分ができるかどうかは重要ではなく、「あなたはこうするべきだ」と相手に押し付けることを優先してしまうのです。人は他人にはDemandingなのだという性質がそのまま出てしまいます。これは、われわれ人間が持って生まれた特性なので避けようがありません。皆さんも経験ありますよね？　改善するぞ！　組織の風土を変えるぞ！　と、気合いの入った壮大な計画が展開された時のあのなんとも言えない空回りな空気。でも、自分が計画を立てる側に回ると同じことをしてしまうのです。

「べき論」を優先してしまうのは「現状」を見ていないから

　では、どうしたらこの状態から抜け出せるのでしょうか？　それは、「現状を知る」ことで変えることができます。取り組もうとした活動の「現状」をよく観察し、分析するのです。どこまでできていて、どこから先が足りないのか？　理想の状態と現実とのギャップは何なのか？　それらを見えるようにすることが、現状を是正・改善するスタートになります。この、「現状を知る」ことこそが「C=Check」「A = Action」のステップなのです。CAPDoの「A」は「Action」より「Analyze」と言い換えた方が分かりやすいかもしれません。このように、この「C」「A」のステップを最初に踏まないと、「べき論」こそが正解だと思い込んでしまい、「べき論」を実行するための「できもしない計画」を立ててしまうのです。

「C」と「A」が次の「P」を生み出す

　けれど「現状」が分かれば、そこから見つかったギャップ＝「『あるべき姿』の手前の『なりたい姿』」を思い描くことができます。「あるべき姿」に対して「ない」ものを「ある」に変えるより、「なりたい姿」に対して「足りていない」ものに「何を足せば良いのか？」は想像がつきやすく、実現の可能性も感じることができます。人間はこの「可能性」に対してモチベーションを持ち行動に移すことを好みます。できもしない「べき論」には「動機」が生まれませんが、可能性のある「なりたい姿」には強い「動機」が生まれるのです。そうして、可能性を感じたゴールに対しては、実現可能な「具体的な計画」が生まれます。

CAPDoからはSMARTな計画が生まれる

この「具体的な計画」は「足りていなかったもの」に何を足すのか？が明確になっていますし、「なりたい姿」にどの程度近づいたのか？　というビフォー・アフターも評価することができます。そして、その「なりたい姿」を達成する目的＝「なんのために？」も明確であり、「いつまでに？」達成したいのかも、自分たちで予期することができます。ここまでで皆さんお気づきですね？　そう、これらはSMARTと呼ばれる5つの項目が含まれています。「Specific＝具体的」で「Measurable＝測定可能」で「Achievable＝達成可能」で「Related＝仕事との関連性」があり「Timebound＝時間軸」がある。見事なSMARTプランです。普段SMARTプランを作成するのに苦労されている方もいらっしゃるのではないでしょうか？　苦労していたのは計画を「P」から始めているからだったのです。「べき論」からは「具体性」も「実現性」も想像することすら困難であり、取り組みの成果をどう「測定するのか」すら思い描けません。「あるべき姿」を実現する以外ないのですから。でも、「なりたい姿」を思い描く「CAPDo」からならSMARTプランを作り出すことが可能なのです。

SMARTプランはPDCAの見える化ツール

SMARTプランができあがってしまえば、後は実践するのみです。SMARTプランには、達成すべきタスクや時間軸が設定されています。立てた計画通りに活動が進んでいるのかを常に確認していれば、想定外の遅れが生じた場合にも速やかに修正をすることが可能となります。つまり、SMARTプランは「決められた計画＝P」を「決められた通りに実行＝D」し、その「進捗を確認＝C」しつつ、必要があれば「修正・対応＝A」する。というPDCAを実践・見える化するためのツールでもあるのです。

CAPDoから始めてPDCAを回す

このように「現状」と「理想」との「ギャップ」を知って「なりたい姿」になるための計画を立て実行し（ここまでで「CAPDo」ですね）、その取り組みの結果を測定し（次の「C」）その結果を分析評価し（次の「A」）見つかった新たな課題に取り組む動機が生まれれば、次の計画「P」を立てることができます。こうして「PDCA」がぐるりと回り、次の「PDCA」が生まれる、と言う継続的改善のサイクルが回っていきます。「CAPDCA……」と一度回ってしまえばPDCAサイクルは回り続けることができるのです。そこには「べき論」に振り回されることなく、自分たちの「現状」に「何を足していくのか」に焦点を当てた、地に足のついた「実現可能な」改善の機会が存在しています。

おまけ・IATFが余計仕事になってしまうのも「P」から始めているから

ちなみに、皆さんが大きらいなISO 9001やIATF 16949などの品質マネジメントシステムが「余計仕事」になってしまっているのは、今お話してきたようにPDCAの「P」から始めてしまっているからなのです。ISOもIATFも要求事項は「PDCA」で構成されていますが、規格が求めているのは「PDCA」ではなく「CAPDo」なのです。「？」と思った方、規格本を最初から読んでみてください。要求事項の最初の4章は「組織の状況の理解」から始まっています。そう、「現状把握」から始まるのです。「現状が分かった上で計画を立ててください、そうしないと失敗しますよ」と規格は言っているのです。そして、もうひとつ品質マネジメントの大事な活動に「内部監査」があります。これも皆さん大きらいだと思いますが、これこそ組織の「現状把握」の最たるものです。よく考えられていますね。

決められたことを「やらなければいけない」から始めると、余計仕事になってしまいますが、「現状把握」から始めると「足りないものを追加していく」活動になるので、必要な仕事に変わります。「P」から始めるか「C」から始めるかでずいぶんと活動も結果も変わってきますね。こうして視点を少し変えてみると、大きらいだったISOやIATFも好きになれるかもしれません。

まとめ

いかがでしたか？　PDCAを回そうとするばかりに、自ら高いハードルを作り出し、できもしないことを「気合いと根性」で取り組もうとしていたことに気づかれましたか？　PDCAを回すためには、自分たちの足元をよく見て「現状」を知り、「理想」と「現実」のギャップを明確にする「CAPDo」から始めなくてはなりません。でもそうは言っても、これまでのやり方を急に変えるのは自分たちではなかなか難しいものです。この取り組みの変化をお手伝いするのが「CITA式問題解決トレーニングプログラム」です。今回のコラムをお読みになり「CAPDo」に興味を持って頂いた方は、ぜひ『問題解決の教科書 CITA式問題解決ワークブック』も読んでみてください。本書で紹介している手法が皆さんのプロセスをPDCAからCAPDoへ変化させるきっかけになるかもしれません！また、KAIOSではIATF 16949の運用支援も行っておりますので、興味を持たれた方はぜひお声がけください！

5

第5章　しくみはわれわれの自由を奪うものなのか？

◉

われわれはしくみと向き合うと自由を奪われるような気がして逃げようとしてしまいます。しくみは本来活動がうまく行くように作られたはずです。それなのになぜそれを受け入れられないのでしょう？　ヒントはわれわれの「行動心理」にあります。

22｜品質規格～われわれの心は試されている？

今回のコラムのテーマは、「品質規格～われわれの心は試されている？」です。「品質規格」って、嫌われ者ですよね。「製品規格＝Spec」なら、みんなそれを満たそうとするのに、「品質規格」になると、なんで嫌がるのでしょう？　考えたことありますか？

品質規格には嫌われる要素が詰まってる

世の中にさまざまな規格が数あれど、ここまで大勢に嫌われている規格は、品質規格の他にないのではないでしょうか？　それはなぜでしょうか？　その理由のひとつは「答えがよく分からない」こと、そしてもうひとつは「行動を縛られる」こと、にあると僕は思います。われわれ人間がそもそも嫌う、ふたつの要素がバッチリ含まれているからなんですね。最初の「答えがよく分からない」ですが、品質以外の規格もの、たとえば「会計」「労務」「安全」などのマネジメントシステム系のものにも、品質と同じく「要求事項」があり、「監査」もあります。が、最も大きな違いは、それが「法的要求」である、ということです。つまり、「明確な基準がある」わけで、「ここまで満たしていればいい」というはっきりとした境界があります。なので、かえって取り組みやすいのですね。

品質規格は顧客要求

一方で、「品質」は「顧客要求」であり、法的拘束力はありません。「ここまでできていればいい」というしきい値もないので、逆に、どこまでやればいいのか判断がつきません。「品質に終わりなし」なんて言葉もあるとおり、いつまでやっても終われないのです。そして、顧客はいつだって「Demanding」です。「尽きない要求」「終われないもどかしさ」が、ずっと続きます。こんな背景から、前回の「お客さんがいいって言った」というフレーズを使いたくなってしまうのかもしれませんね。「終わらせたい」という欲求が、われわれにそう言わせているのかもしれません。

終わらないゴールのために行動を縛られるのはイヤ

そして、この「品質要求」を満足するためには、自らの行動を律し、継続しなければなりません。ふたつ目の嫌いな要素、「行動を縛られる」のです。「あれをしなければならない、これをしなければならない」だらけです。われわれは、ただ「あれをやれ、これをやれ」と指示される以上に、「しなければならない」という「義務的行動指示」が最も嫌なのです。指示だけなら、黙って従おうともしますが、この「義務的行動指示」は、「必ずやらなければならない」という責任が生じるため、生理的に逃げ出したくなってしまうのです。まぁ、そりゃそうですよね。

他の規格からはなぜ逃げない

では、なぜ他の規格からは逃げずにいられるのでしょう？　それは「逃げられない」からです。「会計」は納税義務から、「労務」は人権保護義務から、「安全」はそこで働く人々の安全の確保義務から、逃げることができないのです。法治国家の定めるそれぞれの「法」が、それらを厳しく監視し、そして逃れようとする者に「罰則」が与えられます。罰則は、経済的ダメージの場合もありますが、われわれ人間が最も嫌う、「自由の拘束」が課せられる場合もあります。これが抑止力となり、従うことを選択させようとします。一方で、「品質規格」には、法的要求も、法的罰則もありません。従わなかったことにより、結果として招いた「望まれない結末」に対して、刑事罰や社会からの制裁といった、別の側面からの「罰則」はありますが、「品質規格」そのものが「罰則」を与えることはありません。せいぜい「認証取り消し」と、それによる「信用の低下」に端を発する、取引の機会損失による「経済的損失」が関の山です。これはこれでキツいですが、おおむね直接影響を受けるのは経営層で、一般従業員はどちらかというと、被害者側に層別されます。ここがまた、「従わなくても大丈夫」という思いを抱かせてしまう要因でもあります。

品質規格は人類最後のとりで

近年の世の中の情勢から、「品質偽装」は、社会からの厳しい制裁が待っていますが、それでも、「品質規格」への要求未達を恐れて、そのためにわざわざリソースを割いて、取り組みに力を入れる組織もあまりないように思います。基本、人間は自己の利益を優先します。それは、どのような分野においても、人道的に考えられる「あるべき姿」さえ、難なく越えようとします。だからこそ、法で強く規制しています。しかし、法で規制されていない「品質」は、われわれの「良心」によって担保されている、と言えるのではないでしょうか？　そう考えると、法でがんじがらめの世の中で「品質規格」は、われわれ人類の最後のとりでなのかもしれません。「品質規格」が法で規制されはじめたら、もう人間終わりな気がします。

まとめ

ちょっと荒唐無稽な考察でしたが、改めてこんな視点で規格ものを眺めてみると、すでに法で規制された分野に対して、「品質」はまだ一定の自由度を与えられています。そして、「自由」の反対側にある「規律」を、われわれがどう自律的に運用するのか、われわれの心の強さを試されているような気がしてなりません。「品質」との戦いは、「自分自身」との戦いなのかもしれません。全然勝てる気がしませんが……（笑）

23｜振り返ればQがいる

今回のコラムのテーマは、「振り返ればQがいる」です。なんかどこかで聞いたことのあるフレーズですね。これまでのコラムでも何度も「振り返り」を提案してきました。「振り返る」ことが活動に付加価値を生み、次の成長の機会も提供してくれます。でも、われわれはこの「振り返り」が苦手なのです。なぜなら、人間は前に進みたい動物だからです。

前に進むことが最優先

人間の持つ「好奇心」は、時には、本来最優先事項である「リスク回避」を押し留めてでも、物事を前に進ませようとします。それは、個人でも組織でも同じです。とにかく前に進んでいきます（Delivery）。組織の場合、その活動が意図した通り進んでいるかを定期的に経営層が確認し、妥当性を判断します。が、ここで注目されるのは、主にコスト（Cost）です。進捗を説明する立場のメンバーは、経営層からこと細かに使ったお金のことを問いただされます。経営者なので当然ですね。そして、品質を担保するDR（Design Review）の結果は、棚卸しチェックの結果で判断されます（Qualityではなく Quantity）。このように、組織の中でのプロジェクト運用の優先順位は、どうしてもD＞C＞Qとなってしまいます。

障壁があるほど前に進む気持ちが強くなる

このように、経営層によるレビューは進捗とコストに関心が集まることは必然で、品質に関しては現場のプロジェクトチームに委ねられています。そりゃそうです、経営層がいちいち細かい技術的なところまで見ていられないですから。ところが、これまでのコラムでもお話ししてきた通り、現場はプロジェクトを前に進めるためにも、経営レビューを「通過する」ことが最優先となりますので、経営層が関心のあるところに力を注ぎます。そうして、「D」と「C」の力で前へ前へと進んでいこうとします。

振り返るとQが置いてきぼりになっている

このようなプロジェクト運用をしている中で、何か問題が起きるとその時点で初めて立ち止まり、これまでの活動を振り返ります。すると、さまざまな確認事項が抜け落ちていることが判明します。そう、「D」と「C」に注力するばかりに、「Q」が置いてきぼりになってしまっているのです。いわゆる、「運用プロセス」と「検証プロセス」といわれるふたつのプロセスが、本当なら同時に進んでいるはずが、いつの間にか「運用プロセス」だけがどんどん前に進んでいってしまい、「検証プロセス」が止まってしまっているのです。本来、これらの同期を図るためのDRの場も、とにかく早く前に進むために、前回まででお話ししてきたとおり、「あるなし」判断の棚卸しレビューになってしまい、「検証プロセス」が再起動することなく進んでしまっているのです。

振り返りの場がただの通過点になってしまっている

このように、本来置いてきぼりになりがちな「検証プロセス」を、追い付かせるために設定されたDRが、「運用プロセス」を加速させる場となってしまっており、当に文字通りのチェックポイントになってしまっているのです。

振り返ればQがついてくる

しかし、問題が起きて振り返った時のように、どんな時でもいったん立ち止まって振り返れば「検証プロセス」を起動させることができるのです。「検証プロセス」が起動すれば、さまざまな確認事項がプロセスに乗り「検証」が行われていきます。検証の結果、「できていること」「できていないこと」や「課題」も顕在化し、次のアクションも決まります。そうして、置いてきぼりになっていた「Q」が追い付いてくることができるのです。

しくみを超えた人類

しくみは、われわれ人間が振り返りたがらない生き物だということをよく知っています。なので、自動的に振り返りが生まれるように、そのきっかけをしくみに落とし込んでいるのです。が、それでも人間の「前に進みたい」という欲求が勝り、しくみの用意した「振り返りゲート」

を「通過ゲート」に変えてしまい、障害となった「通過ゲート」は、より「前に進みたい」という人間の欲求を強めてしまっているのですね。この意図せぬ状況を元に戻すには、われわれがしくみの意図をよく理解し、正しく使うこと以外にありません。

少しの努力が現状を変える

しくみを理解するためには、猛烈な勉強が必要なのでしょうか？　しないよりはしたほうがいいです。でも、わざわざ勉強しなくても大丈夫です。勉強しなくても、少しだけ「意識」を変えれば大丈夫です。それは、何度も言いますが、「振り返る」ことです。自分たちで意識的に「振り返り」の機会を持つことで、今まで見えていなかったいろいろなことが見えるようになります。人間は「見えたこと」に対してのリスク回避能力が備わっています。この、われわれが元々持っている力を使えば、問題を未然に防ぎながら、活動を成功に導くことができます。振り返れば、「Q」が改善されていくのです。

まとめ

振り返りたがらないわれわれが、ほんの少し努力して「振り返り」を行えば、そこにいる「Q」を見つけることができます。振り返ることは、「後戻り」することではなく、この先に生まれるかもしれない「大きな後戻り」を未然に防ぐ、実は一番早くゴールにたどり着ける方法・機会なのです。「D」を優先すると、結局「D」が達成されず「C」もかさみます。「Q」を優先すると「D」も達成され結果として「C」も最小限で済みます。そして、「Q」を達成する近道は「振り返る」ことです。このコラムを読んで「なるほど」と思ったら、早速今から「振り返って」みてください。きっと、置いてきぼりになっていた「Q」に気づけるはずです。

24｜よく考えたら日本の教育システムは素晴らしかった

今回のコラムのテーマは、「よく考えたら日本の教育システムは素晴らしかった」です。お前が日本の教育システムの何を語るんじゃ！　と怒られそうですが（笑）、今回語りたいのは「組織マネジメント」について、です。

黒板の上に見つけた衝撃

皆さんも、お子さんの授業参観に行かれたことがあると思います。僕もこれまでに何度か参加しました。我が子がどのように集団生活をしているのか、友達とどんなコミュニケーションをとっているのか、親としては心配ですよね。自分もそんな一人の親として子供の授業を見に行ったのですが、教室に入り「懐かしいな～」などと思い出に浸りながら、ふと黒板の上のほうに目をやると、あるものが目に飛び込んできて釘付けになってしまいました。そう、「クラスの目標」です。そこには「こんなクラスにしたい！」「こんな風に過ごしたい！」「こんな生徒でありたい！」と見事な行動指針が記されていました。彼ら彼女らは、毎日無意識のうちにあの目標を目にしながら学校生活を送っているのです。これらの目標は、もしかすると先生からの提案かもしれませんが、おそらく最後はクラス全員で話し合って決めたのでしょう。これはすごい。

付加価値を生み出す習慣

そうしてさらに周りに目をやると、黒板の端には「今日のめあて」「ふりかえり」という言葉が並びます。「！！！」驚きです。授業ごとに「今回は何を学ぶのか」「どんなところに着目するのか」が明確に示されます。そして、授業が終わると振り返りです。授業で分かったことや見つかった課題などを生徒たちが発言していきます。こうして、授業を「受けただけ」ではなく「理解したこと」と「理解できなかったこと」「見つかった自分の課題」を明確にし、次へのアクションを決めます。そう、しっかりと「付加価値」を生み出しているのです。これが毎日毎日、授業のたびに繰り返され、生徒たちはこの基本動作が当たり前のように習慣化されています。

振り返りと見える化

さらに、廊下の壁に張り出されているプリントを見てみると、各自学校で行われた行事に対して、「記憶に残った3つの活動」「選んだ理由」「感想」「うまくできたこと」「見つかった課題」「次にやりたいこと」「クラスメートへのメッセージ」などが書かれています。ここでも確実に振り返りを行い、理解を定着させ、次への動機づけを生み出しています。そして何より、それらを見える化し、常に目に入るところに掲示しています。つまり、自分の意見が他人の目に触れることが前提となっているのです。そして、このことが大きな意味を持ちます。

ゴールオリエンテッドな子供たち

プリントに書いてあるコメントを読んでみると、見事に黒板の上のクラスの目標にひもづいたコメントばかりです。こうしてみんな、自分たちで立てた目標である「生徒像」に向かって成長しているのです。すごい！　すごすぎる！　「方針の一貫性」「組織マネジメントの現場への落とし込み」と「それが習慣化されるまでの実践」「成果の見える化」全てが完璧に実行されています。何より、みんな「自分たちの言葉」で発言しています。自分の発言に「責任」を持っているのです。一方で、これは子供たちが先生に「言わされている」と見ることもできますが、この「言わされている」ことにも重要な意味があります。この、「言うこと」の意味についてはまた別の機会で考えてみたいと思います。

組織マネジメントの極意は学校にあった

こんなに素晴らしいシステムが、小学校でも中学校でも導入・実践され、子供たちの行動記憶に刷り込まれているのです。おそらくかつては自分もそうだったのでしょう。ひるがえって自分たちの職場はどうでしょう？　なぜ、子供たちができていることが大人のわれわれにはできないのでしょう？　これは、おそらく「しくみを動かす側」の問題なのでしょう。学校の先生たちのように、「子供たち個人個人の自主性を尊重しつつ、クラスとしての団結力を高め、力を合わせて何かをやり遂げる」ことを通じ、子供たちの「学び・成長」を支援する。そんな思いがないとダメなのでしょう。つまるところ、組織マネジメントとはそんなものなのではないでしょうか？　では、大人たちの職場では、誰が先生の役割を果たせばいいのでしょう？　考えさせられます。

まとめ

いかがですか？　われわれ大人も今一度、子供たちから学び、組織力を醸成する過程で個人としても成長する、そんな取り組みをしてみませんか？　しくみは教育現場も、われわれの現場も同じです。てか、学校ってすごい！　まさに学びの宝庫です。日本の組織力を底上げしていくヒントは、日本の教育システムの中に確実にある！　そう確信できる機会となりました。あ、そういや我が子は何してたかな？

25｜ものづくりはひとづくりなのか？

今回のコラムのテーマは、「ものづくりはひとづくりなのか？」です。何を寝ぼけたことを！　ものづくりといえばひとづくりなのは当たり前だろう！　とお叱りを受けそうですが、今回は改めて「ものづくり」と「ひとづくり」の関係を考えてみたいと思います。

ものづくりって何だ？

改めて、「ものづくり」の定義って何だ？　と考えてみると、まずこの「ひらがな」で表現しているところからこだわりを感じます。「物作り」とも「物造り」とも「物創り」とも書けます。そして「物」を「者」にすれば「人」も意味します。ひらがなにすることで、これら全ての意味を表現する、深〜い言葉になります。そして、この「ものづくり」という言葉の中には、「熟練した職人による手作業」という意味が前面に押し出されているように感じます。では、「熟練した職人」とはどんなことができる人なのでしょう？　「素人にはとてもまねできない特殊な技術・技法を、長年の鍛錬によって習得し、いとも簡単にこなしてしまう人」といったところでしょうか？　と、するとそれはつまり「高い再現性を生み出せる人」と言い換えることができるかもしれません。

ものづくりは再現性

そのように考えると、「ものづくり」とは「高い再現性の実現」を指している、と考えることができます。なるほど、世の中に存在するマネジメントシステムは、組織としての「再現性の実現」を意図したしくみであり、それを、「誰でも」「いつでも」発現できるようにしようという取り組みです。最近何かと注目を浴びるソフトウェアの世界でも、その開発のガイドラインであるA-SPICEで、「意図した成果を生み出す」「特定の人員での再現性を実現する」「組織全体での再現性を実現する」「プロセス運用のデータの収集と解析を行う」「得られた解析結果からプロセスを改善する」と目標到達レベルを上げていくような構成になっています。そして、最低限の要求がレベル3の「組織全体での再現性を実現する」です。つまり、「再現性」こそが「ものづくり」が目指しているゴールなのかもしれません。

しくみだけではたどり着けない領域

このように「再現性」を生み出すしくみを作り上げることが、マネジメントシステムをはじめとした規格物が目指しているゴールと言えるわけですが、この「しくみ」だけでは到底到達できない領域が、「熟練・職人」の領域なのではないでしょうか？　どれだけ機械が進化しても、AI

が発達しても、人間の持つ「感覚」から生み出される数々の「技」は到底再現できるものではないでしょう。これは、長年「もの」をつくり続けるその過程で身に付く「知識・技術」から生み出されたものであり、言語化できない領域のものなのだと思います。

だから「ものづくりはひとづくり」

そう考えると、確かに「ものづくり」の延長線上に「ひとづくり」があるのだと理解できます。どんな組織も、「人」に帰属した「技」を、次の「人」もしくは「人々」に伝え、それを維持・継承していくことで提供する製品やサービスの「品質」を担保しようとしているのではないでしょうか？

「ひとづくり」のスパイラルアップ

そして、もうひとつ僕が考える「ものづくりはひとづくり」の重要な点は「徒弟制度」にあると思います。詳しくはまた別の機会にお話ししたいと思いますが、人は自分のやっていることを、誰か「他の人」に教えようとする時に学びが深まります。これは、自分一人でやり続けているだけでは絶対に得られないことです。自分の身体で覚えていることを他人に教えるためには、必ず「言語化」が必要です。この「言語化」の過程で、自分でも気づいていなかった新たな事実や真実に気が付くのです。こうして、自分で高めてきた「技」は、他の誰かに教えようとすることでさらに「進化・深化」します。そうしてより一層「熟練度」が増していくのです。やはり、「ものづくり」は「ひとづくり」なんですね。

まとめ

「ものづくり」と「しくみづくり」は、ともに「再現性」を生み出すことを目指しています。「しくみ」は「人」を選ばずに目的を達成する敷居の低さ、「再現性の発現のしやすさ」を目指していますが、「ものづくり」は「人」を選び、培われた「技」を身に付けた「人」による高い再現性を目指しています。しかも、それだけでは終わらず、そうして得られた再現性からさらに「高み」「深み」を追求する、という「しくみ」を超えた「ひとづくり」を目指しているのではないでしょうか？ 「しくみづくり」の裾野の広さに「ものづくり」の到達する高さがつながったら、最強の組織ができあがりそうです。そんな未来を目指したいですね。

26｜「ものづくり」より「ことづくり」

今回のコラムのテーマは、「『ものづくり』より『ことづくり』」です。前回あれだけ「ものづくり」を持ち上げておいて、今度は「ものづくり」より「ことづくり」かよ！　てか、「ことづくり」って何だ？　と問い詰められそうですが……。今回も考えていきたいと思います。

世の中には「もの」があふれている

早速ですが「ことづくり」の「こと」ですが、漢字にすると「事」ですね。できごとの「事」です。「もの」に対して「こと」です。具体的な物体ではなく、「経験・体験」を作り出すことです。これだけ「もの」があふれている世の中で、「もの」に囲まれていても、もはやわれわれは幸福を感じられなくなってしまっています。僕が子供の頃は、欲しいものがたくさんあってもなかなか手に入れることができず、それが手に入れられるだけで幸せでした。でも、今の子供たちは程度の差はあるものの、欲しいものは大概手に入れています。そう、彼らにとって「もの」があることは特別なことではなく「当たり前」のことなのです。

「もの」だけでは満足できない

この「当たり前」の状態から、新しい何か「幸福」を感じるためには、新しい「経験・体験」が必要です。その「経験・体験」の機会を作り出すことが、今求められています。「もの」が売れない時代と言われている今、「もの」の送り手に求められているのは、「もの」を通じた「こと」の提案です。消費者は、もう「もの」だけでは満足しないのです。昔はわれわれ消費者が、手に入れた「もの」をどう使おうか自身で考え、工夫して楽しみを見つけていましたが、今の消費者は「もの」と「こと」のパッケージを求めています。スティーブ・ジョブズがMacintoshを世に出した時に言っていた「ユーザー体験に責任を持つ」ことが、今では必須条件となっているのです。

「ものづくり」はもう限界？

では、前回のコラムで語った「ものづくり」はもう意味を成さないのでしょうか？　「ものづくり」を通じて「ひとづくり」をする。これが、これまでのやり方でした。しかし、「ひとづくり」の現場にも時代の変化がやってきています。「徒弟制度」もそのひとつです。職人の世界では「師匠の背中を見て学ぶ」「手を動かして身に付ける」といった「もの」を介した育成システムが主流でしたが、今は「こと」を介した育成システムに生まれ変わる必要があります。「こと」、すなわち経験の場を作り出し、与えることで「ひと」の成長を促し、実体験を通じて学びを深める、そんな形に変わる必要があります。ここでポイントとなるのは「納得感」です。人は納得しないと行動しません。「こと」を通じて「納得感」を生むことが、人に次の「行動」を促し、その先の「成長」へとつながっていきます。

「ものづくり」と「ことづくり」は同じ？

ここまで読んで「ん？」と思った方も多いと思います。「もの」も「こと」も言ってること同じじゃね？　そうです。やろうとしていることは同じです。「視点＝アプローチ」が変わっただけです。つまり、「手段」が変わったのですね。「手段」が変わるとその変わったところに目がいってしまい、「今までと違う！」と拒絶したくなります。でも、「やろうとしていること＝ゴール」つまり「目的」が共有されれば、変化も受け入れられます。昔は当たり前だったことが今はおかしい。昔おかしいと思っていたことが今は当たり前、そうして時代は変化しながら進んできましたが、実はその「目的」は同じだったりします。その時代時代にあったスタイルで取り組めば、言葉は悪いですが「やらせる」ほうも「やらされる」ほうも変化を受け入れやすいのではないでしょうか？

Goal Orientedが閉塞感のある今を救う

「ひとづくり」は「ものづくり」の目的である「再現性」を作り出すことの延長線上にある、と前回お話ししました。では「ことづくり」ではどうでしょう？　「師匠の背中を見て学ぶ」機会を提供し、「手を動かして身に付ける」場を与える。結局「もの」から見るか「こと」から見るかの違いで、やりたいことは高い再現性を生む「技」を習得すること、それを通じて「ひとづくり」をすることです。この「ゴール」をしっかり共有しておけば、「もの」にこだわらなくても「こと」を通じて目的が達成できますし、「こと」からなら「もの」が固定されていないので、対象は何でもよく、この「こと」を通じて新たな「もの」が生まれる可能性も秘めています。「ゴール」がぶれなければ、むしろ「手段」が変わったことで新しい可能性が生まれる「機会」もまた生まれます。

まとめ

「ものづくり」による「ひとづくり」の時代から、「ことづくり」による「ひとづくり」への変化が求められる時代になりました。人は変化を嫌いますが、「ゴール」が変わらなければ、「変化」は新しい可能性を生み出す「チャンス」にすることができます。「こと」の時代になることで、これまで固定されていた「もの」が自由に変化できる時代になったとも言えます。そう考えると、なんだか未来がとっても明るく希望に満ち溢れているように見えてきませんか？　あ、見えないですか（笑）

27｜「言わなくても分かるでしょ」

今回のコラムのテーマは、「言わなくても分かるでしょ」です。おなじみのフレーズですね。相手に何かを期待する時、もしくは期待していたとおりの行動をしてもらえなかった時に、つい口から出てしまう言葉です。独り言の時もありますが、おおむねその相手に直接発言し、行動の「是正」を要求する意図があります。言われたほうは「自分が否定された」ように感じ、かなり傷つきますよね。なんでこんなことを言ってしまうのでしょうか？

人は他人にはデマンディング

これは、われわれ人間が自分以外の他人を自分が思ったように行動して欲しい、させたい、という強烈なニーズを持っているからです。「支配欲」とでもいうのでしょうか？　「あなたはこうするべきだ」と行動を決めつけます。そう、これまで何度も出てきましたが、人は他人の「行動」を支配しようとしてしまうのです。なので、自分が「して欲しい」と思った行動を取った結果であれば、失敗したとしても「仕方ない」と許容します。逆に、いくら成功しても自分が思っていたのと違う行動を取った結果だと「何やってんだ」と怒ります。いったいぜんたい、何なのでしょう？

カイゼンが行動規制に落ちていってしまう理由

このように、人間は他人の行動に固執し、行動を規制し従わせようとします。問題解決の場で、対策が「ルールや教育」に落ちていってしまうのも、この人間が元々持っている特性がそうさせているのだと考えられます。そして、さらに悪いことに人間は他人に理解を求めます。もっというと理解を「強要」します。たいした説明もせずに、自分の頭の中に描かれた理想の行動を「理解して実践しろ」というのです。その意思の表れが「言わなくても分かるでしょ」なのです。

言わなければ分かるわけがない

会社でも、学校でも、家族でも、この「言わなくても分かるでしょ」が頻繁に使われます。言われたほうは分かるわけがありません。でも、「分かりません」と答えると「なんで分からないんだ」と問い詰められたり、「だからお前はダメなんだ」とかのお説教が始まり貴重な自分の時間が奪われます。そこで、リスク回避策として「分かってるよ」と返します。分かってないけど、「今」この場から逃れるにはそう答えるのが最善の策だからです。でも、これは本当の解決ではありません。どんな人間だって言われなければ分かるわけがありません。言われなくても分かったらそれはエスパー（死語？）です。

言わない上に「考えろ」という

そうして、お互いの共通理解は形成されないままコミュニケーションは終了し、伝え手の望む「行動」は実現されることはありません。そうすると、「なんで言ったとおりにやらないんだ」となります。言っていないのに。そうしてついに、そう言われたほうもいい加減に反論します、「言われなきゃ分からない」と。正論ですね。すると今度は、「分からないなら考えろ」と被せてきます。あくまでも、自ら説明することを拒絶し、相手に理解を強要します。こうなるともうどっちも折れないので、良好な人間関係は築けなくなる可能性が高いです。まあ、これも日本の「相手を察する」文化のなす業なのでしょうか。昔なら、指導する側が指導される側を育てるための方策として許容されていたコミュニケーション手段ですが、今ならパワハラですね。

言わなくても分かる条件

とはいえ、この「言わなくても分かる」状態が作り出せる条件があります。それは、「共通理解」が形成されている状態です。お互いが繰り返し同じ行動を共有し、相手が「こういう時にはこういう行動を取って欲しい」と思っていることが理解されている場合ですね。繰り返し練習したり、初めてでも所作がルール化されていて広く認知されている、などの場合であれば、相手は多少イレギュラーな事態があってもその先を予測して相手の求める行動を取ることが可能となるので、「言わなくても分かるでしょ」と言えるかもしれません。そのためには相互理解が大切ですね。ここを端折って、いきなり伝え手だけが理解していることを押し付けても相手は分かるはずがありません。

組織で「言わなくても分かるでしょ」を生み出すには

では、大勢の人々が集まって行動する組織で、この「言わなくても分かるでしょ」を生み出すにはどうしたらいいのでしょう？　もう、お分かりですね。そう、「標準化」です。組織のルールを作り、それらを理解し実践する。単純なことなんです。ただし、人間は他人に行動を規制されるのを嫌うので、なかなか従ってくれません。そのためには、根気よく、繰り返し、頭と身体で理解してもらわないとなりません。昨今は、ここの地道なプロセスをスキップし、いきなり「言わなくても分かるだろ」と言ってしまう傾向が強くなっているのかもしれません。そりゃ、無理なお話ですよね。

まとめ

いかがだったでしょうか？　いろいろ言いたいことはあると思いますが、まずは、相手に理解を求める前に、自らやりたいことを「説明」してみるところから始めるのがいいかもしれません。もはや相手に「察してもらう」という相手依存のコミュニケーションは現代では通用しなくなっています。というか、皆さん普段からご自身の「説明責任」ちゃんと果たしてますか？　「言わない」と「伝わりません」よ。

28｜仕事の基本はやっぱり5Sにあった

今回のコラムのテーマは、「仕事の基本はやっぱり5Sにあった」です。社会人になると「5Sは仕事の基本だぞ！」と教わります。そして、実際に現場に入ると定期的に「5S」活動があり、それに参加します。主に掃除をしたり、パトロールをしたり、「うん、それが5Sだよね」と多くの人が思っていると思われます。確かに5Sといえば5Sですね。でも、本当にそれが「仕事の基本」なのでしょうか？　一度じっくり考えてみましょう。

「5S」の意味言えますか？

皆さん、5S全部言えますか？　「整理」「整頓」「清掃」「清潔」「躾（しつけ）」ですね。では、5Sそれぞれの意味は言えますか？　意味まで、となると自信を持って手を挙げられる人はそれほどいないのではないでしょうか？　意味まで説明するのは意外と難しいですよね。では、順番に見ていきましょう。

「5S」は英語の「5S」で考えると分かりやすい

日本発祥の「5S」ですが、海外でもさまざまな国でその国の言語に変換された5つの「S」があります。その中でも、英語の「5S」を知るとその意味がとても理解いしやすいです。皆さんは英語で「5S」言えますか？それぞれ順番に「Sort」「Set in order」「Shine」「Sustain」「Standardize」です。上手に訳しましたよね。では、日本語と英語を比較しながら順番に見ていきましょう。

「整理」は「ムダ取り」

「整理」は「Sort」と訳されています。分類、仕分けですね。元々の意味は、「要るものと要らないものを分けて、要るものだけを残す」ということですね。つまり「ムダ取り」です。

「整頓」は「効率化」

「　整頓」は「Set in order」です。「決められた通りに配置する」ですね。いわゆる定位置管理です。これにより、必要なものがすぐに見つけられたり、使用中なのかもひと目で分かります。作業の「効率化」ですね。

「清掃」は「異常の検出」

「清掃」は「Shine」です。読んで字の通り、「ピカピカに磨き上げる」

という意味です。ただ掃除するだけではないです、「ピカピカ」です。こうすると、何かが落ちていたり汚れがあるとすぐに気づけます。つまり、いつもとは違う状態にすぐに気が付くことができ、素早く対処ができる状態です。「異常が検出できる定常状態を作る」という意味です。

「清潔」は「文化・風土の醸成」

「清潔」は「Sustain」です。上の三つ「整理」「整頓」「清掃」の状態を維持し「清潔」に保つことです。つまり、このような状態を維持できる「文化や風土」を作り上げていくことを示しています。

「躾」は「規定遵守と監視」

「躾」は「Standardize」です。そのままだと「標準化」ですが、「躾」に込められた意図は、「決められたことを、決められた通りに、確実に行い、結果を確認する」の頭文字を取った、いわゆる「4K」の実践です。

「4K」はPDCA

この「4K」=「決められたことを、決められた通りに、確実に行い、結果を確認する」は「決められたことを」=「Plan」、「決められた通りに、確実に行い」=「Do」、「結果を確認する」=「Check」であり、「確認した結果、対応が必要であれば実行する」=「Action」が求められます。つまり、最後の「躾」は「PDCAの実践」を意図しています。

やっぱり「5S」は仕事の基本だった

このように、「5S」は「定常化を図り、異常を素早く検出し、徹底してムダを省く、ためにPDCAを実践する」という極めて重要な、「仕事の基本」が全て詰め込まれた言葉だったのです。なるほど、確かに基本ですね。

まとめ

いかがでしょうか？　われわれは社会人になった時から「5Sは仕事の基本」と教わってきましたが、主に最初の3つ「『整理』『整頓』『清掃』を実践する活動」もっと言うと「『清掃』をDoする活動」と思い込んでしまっていたのではないでしょうか？　これにより「5Sは掃除」という極端な理解になってしまい、仕事の基本である本来の「5S」が忘れられてしまっていたのではないでしょうか？　このコラムを読んで頂いた今日からまた、しっかりと「5S」を実践していきましょう！

29｜3つの「ム」は品質マネジメントシステムの真理だった

今回のコラムのテーマは、「3つの『ム』は品質マネジメントシステムの真理だった」です。前回の「5S」に引き続き、今回は「3つのム」です。これ、言えますか？　ふたつは言えても最後の3つ目が思いつかない、という方も結構おられます。では、今回も順番に見ていきましょう。

現場は「3ム」主義

現場で作業を始めるようになると、職長さんから3つの「ム」をなくせと教えられます。おなじみ「ムリ」「ムダ」「ムラ」ですね。その言葉の通り、「無理な作業をやらない」「手戻りなどの無駄を極力減らす」「人や日による作業のバラツキをなくす」といった「効率」のお話のようです。現場はとにかくこの3つの「ム」の撲滅を目指します。が、実際のところはどうなのでしょう？

ムリが通れば道理が引っ込む？

現場での「ムリ」ってどういうことでしょう？　たとえば、「径の違うネジを無理やりねじ込もうとする」「到底処理できない量の仕事を受けてしまう」「納期ギリギリで徹夜で作業をする」等々。「ムリ」は作業方法の時もあるし、量の時もあるし、時間の時もあります。これらの状況を正当化しようとする時は、「気合い」という言葉で片付けられることが多いようです。いずれにせよ、こうした無理な作業は「ミス」を誘発し、結果として納入品質も納入品数もお客様の要求を満足できない結果を生む原因となります。

ムダは生活の彩り？

「ムダ」は「7つのムダ」等とも言われるとおり、さまざまな「非効率的」な行いのことです。これら「ムダ」な作業をしている間は「付加価値」を生んでいません。それどころか「ヒト・モノ・カネ・時間」を余計に使い、企業の収益性に悪影響を与えます。「ムダ」な時間を「生活の彩り」として楽しむのは、プライベートな時間にだけ許されるのかもしれません。

ムラは味わいを生む？

「ムラ」は人ごと、日ごと、設備ごとなどで毎回結果が異なる、という状態です。いわゆる「バラツキ」ですね。結果がバラつくと、仕様の適合範囲から外れた不適合品が生まれ、それらを選り分けたり手なおししたり再検査したりなどの「追加仕事」が生まれます。場合によっては、「ロット丸々不適合」なんて場合も考えられます。気分のムラや入力のムラで、意図せず芸術性が上がる場合がありますが、工業製品に「ムラ」は御法度です。

3つの「ム」は監視対象

このように、3つの「ム」は、製品品質、納入品質、企業の収益性に大きな悪影響を与える、いわば「悪の根源」になり得るため、現場では常にその発生状況を見張り撲滅を目指しているのです。そのため、これら3つの「ム」は次のような方法で厳しく管理されています。

・「ムリ」は、計画のことなので予実管理
・「ムダ」は、効率のことなので直行率管理
・「ムラ」は、バラツキのことなので工程能力管理

「ムリ」「ムダ」「ムラ」の撲滅は品質マネジメントシステムそのもの

こうして考え直してみると、この3項目は品質マネジメントシステムで管理しようとしているもの「そのもの」であることに気づきます。IATF 16949は、その到達目標を「不具合の予防」と「ばらつき及び無駄の削減」とうたっています。この、なんとも分かりにくい品質規格が、たった3つの言葉「ムリ」「ムダ」「ムラ」で言い換えられてしまうのです。製造業、特に自動車産業の現場を支えてきてくれた諸先輩方がたどり着いた「3つの『ム』の撲滅」は、品質マネジメントシステムの真理だったのです。恐るべし「現場力」。

まとめ

いかがだったでしょうか？　前回の「5S」に引き続き、今回の「3ム」も、これまでの経験則から生まれた仕事の基本の「キ」であり、「真理」でもあったのです。そして、今回はっきりとは登場しませんでしたが、バラツキ管理の基本「4M」もあります。どれもふわ〜っと覚えていて、正確に口に出せない方が相当数おられると思いますが、今一度初心に戻り、じっくり言葉の意味をかみしめてみてください。「3つのム」に「4つのM」そして「5S」と、仕事の基本「3、4、5」をしっかり理解しましょう。そして、これらの言葉を口になじむまで何度も何度も声に出して言ってみてください。スラスラ言えるようになった頃には、皆さんの行動も変わっているはずです。言葉と身体は連動しています。「言葉」の力をぜひご自身でも体感してみてください！

30 | プロセスは3本の矢

今回のテーマは、「プロセスは3本の矢」です。本章のコラム23「振り返ればQがいる」で、プロセスには「運用プロセス」と「検証プロセス」がありますが、前に進むことを優先するあまり「運用プロセス」だけが進み「検証プロセス」が止まってしまっている、ということをお話ししました。が、本来適切なプロセス運用には「運用」「管理」「検証」の3つのプロセスが並行して進行する必要があります。しかし、実際の現場ではこの3つがそろうことはほぼありません。なぜでしょう？

「心配性」なのに「無計画」

製品開発に限らず、さまざまな活動の場面でわれわれはたいた計画も立てずに行動を開始してしまいます。いわゆる「見切り発車」をしてしまいます。「やってみればなんとかなるだろう」「何かあっても都度都度対処すれば大丈夫だろう」という「楽観」と、以前にもうまくいったという「慢心」が「過信」を呼び、「見切り発車」のまま突っ走ります。走った先には「検証」プロセスの「ゲート」もあるので、そこまでにはなんとかなっているだろうと「不確定な未来」を判断の根拠にしようとします。

リスク回避の優先順位は「今」

これまで何度もわれわれには「リスク回避能力」がある、と言ってきましたが、なぜ「見切り発車」ができてしまうのでしょう？　普通に考えれば「見切り発車」なんて心配で仕方ないはずです。「リスク回避能力」はどこに行ってしまったのでしょう？　実はすでに発揮されているのです。行動を開始する時に、「もし計画を立てて計画通りに行かなかったらどうしよう」というリスクが発生しており、このリスクを避けるモードが起動しているのです。そしてこれを助長するかのように「先には『検証ゲート』が待っているからそこで確認すれば大丈夫」という「不確かだけどとりあえずの安心」があることで、「先のリスク」よりも「今のリスク」を回避することを優先しているのです。「未来」と「今」の「リスク」をてんびんにかけ、「今」の安心を取りにいってしまっているのです。

「今」のリスクを低減するには「管理プロセス」を起動させる

この「リスク回避の優先順位」は変えられないのでしょうか？　残念ながら変えられません。これは人間の本能だからです。でも、優先順位は変えられなくてもリスクを「低減」することはできます。「今」のリスクを低減することができれば、その先の「より高いリスク」に目が行くようになり、そのリスク回避にわれわれの能力を使うことができます。この「今のリスク」を低減するために必要なのが「管理プロセス」です。

「管理プロセス」は「運用計画」とともに策定される「進捗管理計画」です。いわゆる「PDCA」の実践計画ですね。「計画通りできなかったらどうしよう」という不安を低減するために、「どのように計画の進捗を確認するのか」をあらかじめ決めて、いざという時の対応計画も準備しておく、というプロセスです。これがあれば、「今」の不安が解消され、「本来回避したいリスク」に向き合うことができます。

「運用」「管理」「検証」がそろえば「鬼に金棒」

そして、「運用プロセス」と「管理プロセス」が同時に進みながら、節目節目で「検証プロセス」によって全体プロセスの確からしさが確認され、プロセスが健全に進んでいくのです。当にプロセスはこれら「3本の矢」によって担保されるのです。……が、現実はそう簡単ではありません。昨今の世の中の流れに合わせるように、開発スピードは速くなりその中でも効率が求められる「タイパ」重視の傾向が「管理」どころか「運用」の計画を策定する時間すら奪い、とりでの「検証」プロセスさえ機能させなくなってしまっています。

困った先の次の「ゲート」が登場

「検証」が無力化し「棚卸しレビューの場」となった先に、プロセスを保証するために前面に出てきたのが「検査プロセス」です。全ての妥当性を「決められた条件でのテストに合格すればいい」という「試験至上主義」の台頭です。これにより、「検証プロセス」はさらにないがしろにされ、何かあれば「テスト」、「テストに合格すればそれでOK」という風潮が生まれ、「テスト」がプロセスの出口として、ありとあらゆる活動がそこを目掛けて流れ込んでくるようになりました。しかし、そんな「検査プロセス」もリソースがふんだんにあるわけもなく、自然とここがボトルネックとなり、「納期との戦い」となってしまっています。

「先送り」と「つじつま合わせ」が負のスパイラルを生んでいる

このような状態が望まれる状態なはずもなく、誰が考えてもこの「テスト依存」プロセスの破綻は訪れます。結局、本来のリスクと向き合うことを「先送り」し、その先で「つじつま合わせ」をしてきたけれど、それすら担保することができなくなり、次へと「先送り」し、次の「つじつま合わせ」を繰り返してきましたが、ついにこれ以上「先送り」できないところまで来てしまったわけです。で、後は消耗戦です。限られたリソースの中での人海戦術と人員入れ替え制による延命戦略。こうなると、人材育成や問題解決など後回しです。完全に「負のスパイラル」に入ってしまいました。

まとめ

いかがでしたでしょうか？　現状を理解し、今の状態が続いた先の未来が思い描けましたでしょうか？　お先真っ暗ですね。とはいえ、現状を打破する方法はあります。プロセスの基本である3つのプロセスを正しいプロセスに持ち替えればいいのです。今の「運用」「レビュー」「検査」の3つを「運用」「管理」「検証」という3本の矢に持ち替えれば、われわれ人間の持つ「リスク回避能力」を自分のリスク回避だけに使うのではなく、プロセスのリスク低減や回避に使うことができ、プロセスの未然防止を実現することができるのです。今こそ「3本の矢」を持ち替える時なのではないでしょうか？

31｜地域のお祭りはいざという時のための備え

今回のコラムのテーマは、「地域のお祭りはいざという時のための備え」です。日本には全国各地津々浦々、その地域で受け継がれてきているお祭りがあります。日本が八百万神信仰であったことにより、ありとあらゆる場所でさまざまな神様をその地域地域でお祭りし、自分たちを守ってくれていることに対して感謝の意を表す行事として行われています。では、このお祭りがなぜ「いざという時のための備え」なのでしょうか？　今回もマネジメントシステム視点で考えていきましょう。

お祭りには組織マネジメントの全てが集約されている

どんなお祭りでも、それを実施・維持していくには役割分担が欠かせません。その地域ごとのしきたりや慣習が脈々と受け継がれ、どんなに世代が移り変わろうともその形が守られていきます。当然、指揮命令系統も整備されており、若年者は年長者に従いその振る舞いを見て学び、自分が年長者になった時には後進の指導的役割を果たします。そうして、組織の管理体制維持と新陳代謝が確実に行われ、お祭りが守られていきます。まさにSustainabilityですね。会社組織も、この運用維持体制を学ぶべきでしょう。

なぜ会社組織で再現性が出ないのか？

このような「お祭り組織」を運用維持することができる人々が、なぜ？　会社組織だとその能力を活かすことができないのでしょうか？それはやはり、所属する組織への「帰属意識」の差なのではないかと考えられます。生まれ育った地域への愛着はわれわれ人間のDNAに刷り込まれ、そこで行われている活動を「維持し後世に伝えたい」という欲求が行動を促しているのでしょう。そう思うと、大人になってから初めて所属する会社組織に対して同じような感情を生み出させるのは、なかなかハードルが高そうです。

なぜ集団で集まることが許されたのか？

こんな強力な帰属意識を持つ人々が集まって集団行動することを、昔々の政府はなぜ許してきたのでしょう？　政府の方針に異を唱える反乱分子としての結束力を高められたら、脅威以外の何ものでもありあません。それなのに、時の政府はむしろお祭りなどの行事を奨励しています。これは、「あえてお祭りなどの行事に集中させることで、反乱などの余計な思想を抱かせないようにするための予防措置でもあった」とも考えることができます。

恐るべし祭りの効果

人間はマルチタスクではないので、ひとつのことに集中させておけば余計なことは考えないばかりか、お祭りなどの身体を動かして大騒ぎする活動はストレス発散にもなり、偏った思考も生まれにくいです。祭りをやり終えた達成感、満足感は自己肯定感や集団の結束を補強し、次の機会へのモチベーションも生み出します。何より、定期的にやってくるお祭りは、農作業などの年間計画と比較しながらの「ヒト・モノ・カネ・時間」のリソース配分計画が必須で、人々のプロジェクトマネジメント能力を開発します。

組織マネジメントがそのまま戦に使える

そして何よりも、これら組織が持っている「指揮命令系統」が「戦」の時にそのまま使えます。「いざ合戦！」となった時に、末端の現場の組織構築や指揮命令系統のアサインなどに時間を割いている暇は武将たちにはありません。そんな時、普段から機能している指揮命令系統があれば、即座にその組織を動かすことができます。指示されるほうも、「役割分担を与えられその役割を果たす」という活動を毎年繰り返し練習していますので混乱も少なくて済みます。組織の長の命令が速やかに組織全体に展開され、ひとつの目的に向かって、分割されたいくつもの組織がそれぞれの役割を果たすべく迷いなく動く。こんな理想的な組織、一朝一夕には作り上げられません。

お祭りは「緊急事態対応計画」のひとつ

そう、地域のお祭りは「いざ」という時の備えだったのです。そのために、祭りを奨励することで余計な反乱分子の出現を極力抑えつつ組織マネジメントシステムを維持し、世代が変わろうともいつでもすぐに起動させることができ、しかも、強制されなくても自分たちで継続維持しようとする、非の打ちどころのない「緊急事態対応計画」のひとつだったのです。

現代の戦は災害対応

では、戦国時代のような「戦」がなくなった現代では、これら組織マネジメントをどこで活用すればいいのでしょうか？　それは、「災害時」です。一瞬で日常生活が奪われサバイバル状態に陥った時、頼りになるのは組織の力です。消防団、自衛隊、ボランティアなど、支援してくれる組織もいくつもありますが、その支援が届くまでには必ず時差があります。そんな時、常に起動できる状態で維持されている「お祭り組織」は、何ものにも代えがたい「緊急事態マネジメントシステム」の最前線部隊なのです。戦国の世が終わった後も、途絶えることなく脈々と受け継がれてきたお祭りこそが、われわれが窮地に追い込まれた「いざ」という時に活躍する「備え」なのです。

まとめ

いかがでしたでしょうか？　組織の長なら誰もが望む「組織マネジメントシステム」が日本各地にすでに「導入・運用・維持」されています。しかし、会社組織と決定的に違うのは、組織＝地域への「帰属意識」です。だから会社では、従業員やその家族の絆を深め、ともに組織を守るための「帰属意識」を醸成しようと努めます。なぜなら、これら「マネジメントシステム」は、その組織に所属する人々の「自発的な」行動に支えられているからです。人と人とのつながりが希薄になってきたと言われる現代、「会社のイベントって面倒だよな」と思っている方々も多いと思います。が、それを主催する経営者たちの思いを知ってみると、参加する時の気持ちも少し変わるかもしれません。会社が窮地に陥った時、活躍するのは皆さんの「結束力」なのです。その結束力が、最終的には皆さん自身の身を守ってくれるのです。

32｜標準化は気づきの宝庫

今回のコラムのテーマは、「標準化は気づきの宝庫」です。このコラムにここまでお付き合い頂いてきた皆さんならもうお気づきですね。「標準化」は組織としての「再現性」を出すための重要な手段です。そして、「繰り返し」による「安定化」は「異常」にいち早く気づける「メリット」があります。今回は、その関係について考えていきましょう。

「標準化」はプロセスの言語化の最初の一歩

「標準化」というと皆さんは何を一番に思い浮かべますか？　多くの人が「作業手順書」を思い浮かべると思います。作業を進めるために必要な準備や順序を書き記した文書です。この手順書を見ながら作業をすれば、誰もが「意図した結果」を生み出すことができるように過不足なく情報を記載します。ここで重要なことは、「記載された『言葉』を読んで迷いなく『行動』が想起できること」です。曖昧な表現は書き手の意図とは違う「行動」を生み、違う「結果」を生んでしまいます。

「言語化」は意外と難しい

第三者に起こして欲しい「行動」を伝える時、「言葉」だけでは意図した通りうまく伝わらないことを多くの人が経験していると思います。「行動」や「動作」のコツは感覚的に身に付けている場合が多く、これを的確な「言語」に変換して伝えることはかなりの労力を要します。そこで、手順書には言葉だけでなく、図や絵、写真などを利用し少しでも意図が伝わるように工夫がされています。最近では動画も活用されていますね。それでも、それを見た全員が「意図した通り」に「行動」してくれるわけではありません。

「行動」のコピーは不可能

これまでのコラムでもお話ししてきたとおり、われわれ人間は「相手の行動」を自分が思うように正そうとする性質があります。SWOTをやれば周りの人々の「行動」を評価し、自分が思う「あるべき姿」に従わせようとします。この時点ですでに無理筋な取り組みなのに、「標準化」でも同じことをしようとします。確かに、ある程度の行動の同一化は必要ですが、骨格や経験に個人差のある複数の人々に「全く同じ行動」をさせることは不可能です。「行動」のコピーは不可能なのです。

伝えるべきは「目的」

現場で作成されている数多くの「標準書」や「手順書」を見ると、圧倒的に欠けているのがその作業を通じて「達成しようとしていること」を説明した記述です。そう、この「目的＝Why」を伝えずして「作業＝How」ばかりを伝えても伝え手の意図した結果は生まれません。「作業」の延長線上に「結果」があるのではなくて「目的」を達成することで「結果」が生まれるのであって、「作業」はその「目的」を達成するための「手段」なのです。作業者に「目的」が伝わっていれば、それを達成するために「自分にとってより実現可能な方法」で目的を達成しようとします。

「標準化」は「確率論」

「目的」が伝われば、あれこれこと細かく行動を制限して従わせるよりも「意図した」結果が生まれやすくなります。かといって、完全「フリースタイル」では成功する確率が低いので、可能な限り成功率を高めるために一定の「動作の同一化」は必要です。つまり、「標準化」は再現性を出すための「確率」を上げるための「手段」であり、「再現性」を目指しているのは「行動」ではなく「結果」であるはずです。が、これがいつの間にか「行動」をそろえることが「目的」になってしまっているのです。

「確率」を上げようとすると「気づき」が生まれる

このように、「行動の再現性」を「目的」にしてしまうと「違い＝バラつき」を排除しようとしてしまいますが、「結果の再現性」を目的にすると「違い＝バラつき」は確率を上げるための「きっかけ＝気づき」になります。「なぜここがバラつくのだろう？」「このバラつきを抑制できれば、より安定させることができるのでは？」と、新たな「気づき」が生まれます。この「気づき」は「ノウハウ」となり、「再現性」出現の確率を高める要素となります。現場が嫌う「バラつき」が、実は再現性の確率を高める「気づき」になるのです。

「標準化」は「バラつき」も武器にする

行動に何も制約をかけずに自由にすると「再現性」の出現は「運任せ」になりますが、「標準化」をすることで「再現性」を得られる確率が高まります。しかも、この「標準化」のすごいところは「平準化」の敵であるはずの「バラつき」を味方にして「自分たちの『再現性』の確率を高めることに使える」という点です。今感じている「脅威」も見方を変えれば「機会」に変えることができるのです。見つけた「機会」を「強み」に変えられれば「自分」も「組織」も成長していくことができます。

まとめ

いかがでしたか？　「標準化」は「作業」をコピーするのではなく、「再現性」の出現確率を高める「気づき」を生むための手段です。「バラつき」は「平準化」を目指すためには邪魔者ですが、「再現性」の確率を高めるためには重要な「気づき」になります。ポイントは「結果の再現性」を達成することを意識することです。「手段」を「目的」にしてしまうと、貴重な「気づき」のもとである「バラつき」もただの「阻害要素」になってしまうのです。

33 | 共通言語の力

今回のコラムのテーマは、「共通言語の力」です。よく聞く言葉ですよね、「共通言語」。組織の中での意思疎通を図ろうと思ったら、これがないと物事がうまく進みません。でも、その力実感できていますか？ 「あいつら何度言っても分からない」「こっちの言うことを理解しない」というボヤキをよく聞きます。特に、海外とのコミュニケーションの時に頻繁に聞かれます。日本語や英語・中国語といった、地域性のある言語の壁を越えてなお存在する「共通言語」の壁、今回はこれについて考えていきたいと思います。

そもそも「共通言語」って何だ？

組織などで言われる「共通言語」とは、日本語や英語といった生まれ育った環境で使い続けてきた母国語のことではなく、所属する組織の中で「お互いに相手の言ったことの意図が理解できる、定義が認識されている言葉」といったところでしょうか？　この条件を満足していれば日本語でも英語でも何でもいい、ということになります。そして、その「定義」を通じて生まれた「短縮系の言葉」は、その組織内でしか理解されない「造語」が多く、その「言葉」を使用することで同じ組織の人間としてお互いの存在を認めあうツールともなります。

「言葉」は曖昧なコミュニケーションツール

人が利用するコミュニケーションツールの中で、言葉ほど「効果的」なツールはありません。が、一方で言葉ほど「曖昧」なツールもありません。言葉の持つ意味は、その言葉が発せられた「状況」や受け取り手の置かれた「環境」によって伝え手の意図とは異なる「意味」で伝わってしまうことがあります。そして、その言葉がどう受け取られたかは、受け取り手にしか分かりません。ここに言葉を使ったコミュニケーションの危うさがあります。

人は相手に理解を強要する

これまで何度も出てきた通り、人は他人にDemandingです。自分の発した言葉は自分の意図通りに「理解すべきだ」と相手に対して思います。一方で、相手の発した言葉は自分の思った通りに「理解」します。双方向のコミュニケーションが、実は一方通行の理解の下で交わされています。これではお互いがお互いを理解することなど到底無理です。

自分の意見を「定義された言語」に変換する

そこで登場するのが「共通言語」です。この、曖昧な言葉によるコミュニケーションのすれ違いを防ぐために、自分の意見を一度「意味が定義された言語」に変換し、相手に伝えるのです。要は「通訳」ですね。このステップを踏むだけでこれまで生まれていたコミュニケーションエラーが格段に減ります。こちらの意図が確実に相手に伝わり、相手がこちらのやって欲しい行動を取ってくれます。こちらの意図が伝わると、相手を信頼する気持ちが生まれ信頼はやがて「感謝」になります。この「感謝」の気持ちは相手にも伝わり、さらにコミュニケーションが円滑に進むようになります。

組織の「共通言語」は「標準書」や「手順書」

そんな素晴らしい働きをしてくれる「共通言語」とはいったいどんな「言語」なのでしょう？　そして、どこを探したらそれが見つかるのでしょう？　実は、わざわざ探さなくてもすでに皆さんはそれを持っています。皆さんが「使えない」と思っている会社の「標準書」や「手順書」です。普段あまり見ないと思いますが、改めて中身をよーく見てみてください。その標準書を使用する範囲や目的、その取り組みの中で使用する言葉の定義、そして何よりその取り組みの順序や困った時の問い合わせ先など、ありとあらゆる「共有すべき」情報がまとめられています。

「共通言語」があなたの気持ちを相手に伝えてくれる

この情報を活用して相手とコミュニケーションを取れば、相手はあなたが何をして欲しいと思っているのか理解してくれます。仮に理解しきれなかったとしても、「目的」が明確になっているのでその「目的」に沿った行動を起こしてくれます。これもこれまで何度もお伝えしてきましたが、「標準書」は皆さんの行動を制限したり制約したりするためのものではなく、「目的」であるゴールの「再現性」を高い確率で達成するために作られています。

IATFは組織を超えた「共通言語」

このように、「標準書」は極めて有用な「共通言語」となってくれますが、それは皆さんが所属する組織の中だけでしか通用しません。残念ながら、お客様やサプライヤーさんには伝わりません。こんな効果的なツールを、自分たちの組織以外にも使えたらさぞ便利ですよね。そう、なのでそれが存在しています。ISO 9001やIATF 16949などのGlobal Standardがそうです。改めて考えたら「グローバルスタンダード」って書いてありますね。この規格の中で言葉を定義し、それぞれの規格が目指すゴールを達成するために望ましい活動を「要求事項」として規定し皆さんに伝えてくれています。IATFが規格の中でうたっている要求事項は世界中の誰が読んでも同じ要求事項です。この要求事項を伝えれば、相手はあなたの意図を要求事項通り理解してくれます。みんなが嫌いなIATFを始めとした標準規格は、みんなが困っているコミュニケーションを助けるための組織を越えた「共通言語」なのです。

まとめ

いかがでしたか？　ついつい面倒くさがって見もしない「標準書」や「品質マネジメントシステム」は、実は皆さんが最も苦労しているコミュニケーションエラーを防ぎ、皆さんがやりたいことを実現するためのお助けツールだったのです。「共通言語」を持つことで、皆さんが抱えている一番の問題を解決できるかもしれません。そして、その「共通言語」

はすでにわれわれの手元にあります。使うか使わないかはわれわれ次第です。

34｜他人の振り見て我が振り直せ

今回のコラムのテーマは、「他人の振り見て我が振り直せ」です。これも子供の頃からよく聞かされた言葉ですね。人間は自分のことは客観視できないので、「他人の振る舞いを見て、それを自分に照らし合わせ自分の良くない行動を正しなさい」という「自発的な行動是正」を指示する言葉ですね。やはりここでも「行動」に焦点が当たっています。今日はこの言葉の意義を考えていきたいと思います。

他人の話は「他人ごと」

これまで何度もお話ししてきた通り、人間は「自己中心的」なので自発的に自分の行動を是正するようなことはなかなかしません。とはいえ、この言葉のように「そのままではいつか失敗するぞ」と人生の経験者たちが諭してくれているわけです。しかし、いくら言葉でリスクを伝えても本人がそのリスクを認識しなければ行動変容は生まれません。人間はあれだけリスクに敏感なくせに、自分の「スコープ」に入っていないことには関心を示しません。そして他者からの注意喚起にも耳を貸しません。言葉通り「他人ごと」なのです。

「他人の振り」を見るのは疑似体験

そこで、「やらかした」人たちの姿を見せたり言い聞かせたりして「他人ごと」を「自分ごと」にするように働きかけ、それを疑似体験としてその人のレッスンズラーンドに落とし込もうとしているのです。そうして、なんとかして自分のリスクとして認識させ「リスク回避」行動を取らせようとしているのです。先人たちの涙ぐましい努力と愛ですが、結局は「他人ごと」のまま終わることが多いです。残念ですね。人間は自分の経験からしか学びませんが、経験してもなお学ばない生き物なのです。

他人の「リスク」には気が付ける

一方で、どうやっても「他人ごと」のままでいる人の姿を横で見ている人たちには、その他人の「リスク」がよく見えます。「あいつこのままじゃヤバいよな」「なんで気が付かないんだ？」と、はっきりとその先の結末までイメージできます。でも、そう言っている自分も誰かに同じことを言われていますが、自分の「リスク」には気が付きません。そうしてお互いがお互いの「他人ごと」体質を指摘しあいます。

「自分」で気づける唯一の方法は、「他人」を見た後の「自分」

他人が言っても聞かない、他人を見ても気づかない、そんな「能天気」

な人々に「リスク」を気づかせることはできないのでしょうか？　ひとつだけ方法があります。それが「監査」です。「監査」にはOK/NGの明確なラインがあります。そして、その合格ラインをクリアしているか否かは本人によって「実証」される必要があります。「実証」の方法はさまざまありますが、要は「説明責任」を果たす必要があります。この、「実証」を「確証」するプロセスが、今まで気にもしていなかった「リスク」を「他人ごと」から「自分ごと」に変えてくれます。

「他人」に説明してもらうと「自分」の「危機感」が高まる

監査の場で、監査員の質問に流ちょうに答えられる人はそう多くないと思います。人は何かしら後ろめたいことがあり、そこを突かれまいと隠したくなるためひとつ「ウソ」をつくと、他の説明との一貫性が維持できなくなり説明に妥当性がなくなります。質問している方はそれほど気にしていませんが、質問された方が勝手にあたふたし始めます。そうして、聞けば聞くほど心配なことが浮き彫りになってきます。質問する側に立つと、今まで自分が監査される立場だった時に「うまく誤魔化せた」思っていたことが、全く誤魔化せていなかったことに気づきます。すると、相手に質問をするたびに自分のことが心配になってきます。

視点が変わると世界が変わる

今まで「大丈夫」と思っていたことが「全然大丈夫じゃない」ことに気づいた時は、急激に高まった「危機感」で一杯です。次から次へとやらなければならないことが頭に浮かんでは消えていきます。本当は消えたら困るのですが、人間は一度に多くのリスクは抱えきれません。とはいえ、この瞬間こそが「他人ごと」が「自分ごと」に切り替わった瞬間です。一度「自分ごと」になった視点を持つと、もう「楽観的」ではいられません。今まで見えていなかった「リスク」が見えるようになり、頭より先に身体が「リスク回避」を始めます。ただし、この時のリスク回避が「封じ込め」で終わらないようにすることが大切です。

内部監査を上手に使おう

このように「監査」という活動を行うと、「他人ごと」が「自分ごと」に切り替わります。今まで監査を受ける側だけで参加していた人は、とてももったいないです。監査は、監査する側として参加して初めて、そのメリットを享受できます。他人に質問をしてその答えを聞くだけで、今までとは違う視点が次々と生まれ、思いつきもしなかったアイデアが浮かぶこともあります。当に「他人の振り見て我が振り直せ」なのです。その絶好の機会が「内部監査」です。「内部監査」ならば、お客様の目も外部審査員の目もありません。極度に緊張せずに取り組むことができるはずです。毎年定期的にやってくる「内部監査」について「いろいろ聞かれたくないことを聞かれ、痛いところを突っ込まれ、是正活動も要求され、嫌な思いしかしていない」という方は、ぜひ「監査員」として参加してみてください。監査を受ける側だけの視点から、監査する側の視点を手に入れると世界が変わって見えます。

まとめ

「内部監査」は、気づきの連続です。他人の説明を聞くことで、本当はどう説明して欲しいのかも理解でき、他人の仕事の仕方を聞いて生まれた気づきを自分の仕事にフィードバックし、今度は自分の仕事を説明する。そんなことを繰り返しているうちに、お客様からの質問にも、外部審査員からの質問にも、上手に答えられるようになります。不思議なもので自分の口で説明できたことは実際に行うことができるようになります。「口から音としてアウトプットを続けていると、それを耳から聞いて自然と行動に移すようになる」らしいです。ウソのような本当の話、皆さんもぜひご自身で体感してみてください。

6

第6章　現状分析がわれわれを救ってくれる

◉

われわれはリスク回避のひとつとしてリスクの顕在化を避けようとします。つまり現状をよく理解しないことでリスクを見えなくして安心を得るという方策です。これにより行き当たりばったりのノープラン戦略が選択されます。その結果は……考えるまでもないですね。

35 | WantsとNeeds

今回のコラムのテーマは、「WantsとNeeds」です。皆さんはこのふたつ、明確に意識していますか？　このふたつ、しっかり意識していないと、どんな活動も途中で止まったり失敗してしまったりします。一方で、うまく意識を切り替えられれば、成功の確率がグンとあがります。その違いを一緒に見ていきましょう。

改善はWantsで始まることが多い

皆さんの改善の動機が生まれる時ってどんな時ですか？　「こういうことができたらいいな」「こんなものがあったらいいな」というケースが多いのではないでしょうか？　「この書類、書き方がよく分からないから記入例が欲しいな」「この作業、毎回同じことの繰り返しだから自動化できないかな」など、これらは、「あったらいいな」なので「Wants」ですね。「Nice to have」と言われることもあります。この、「あったらいいな」は活動の動機としては分かりやすく、意外とフットワーク軽く始められるのですが、まさに「あったらいいな」なので、実は「なくても困らない」のです。なので、活動を始めても何か想定外の問題が生じたり、優先度の高い他の仕事があったりすると、あっという間に活動が下火になり、やがて放置されてしまいます。なくても困らないのでそうなりますよね。こうして、多くの「あったらいいな」活動がその短い生涯を閉じていきます。

Needsは切実であるほど原動力になる

一方「Needs」ですが、その名の通り「必要」なのです。「I need water」のように切実なのです。切実であればあるほど、それを求める力は強力で目的達成のための原動力になります。しかし、多くの改善活動の場で、この「Needs」が明確に言語化されていません。そのため、最初の「あったらいいな」活動のほうが表面化しやすく、「Needs」はなかなか顕在化してきません。

この「Needs」を顕在化させるためには、「Wants」が生まれた背景や、現在「Wants」が満たされていないことで被っている不利益を、明確にする必要があります。「Wants」である以上「別に困っていない」のですが、実は困っていない本人が、「困っていること」に気づいていない可能性もあります。「必要は発明の母」と言われているとおり「あったらいいな」と思うことの裏側には、実は顕在化していない潜在的な「困りごと」や「期待」があるはずです。たとえば、最初に例として挙げた「記入例が欲しい書類」は、書き方が分からなくて担当者への問い合わせが頻繁で、その対応に時間を割かれてしまっていたり、記載不備で書き直しが非常に多かったり、間違った記載のまま提出されて必要な物資が購入できなかったり、などのような「困りごと」が発生しているかもしれません。「繰り返し作業」も、同じところで失敗が多発し作業の手戻りや、製品の廃棄が多数発生しているかもしれません。このように、「あったらいいな」の裏に潜んでいる「困りごと」=「潜在Needs」を「顕在化」させることが、改善や是正には不可欠なのです。「Needs」が明確になり、「Needs」が満たされた先の自分の姿が想像できれば、人はその姿に向かって強い意志で進むことができます。

WantsとNeedsの狭間で生まれる新たな敵

諦めを生みやすい「Wants」と、最後まで諦めずに行動を続けることができる「Needs」、この「Wants」を意識的に「Needs」に変えることができるようになれば、自分からわざわざモチベーションを作り出そうとしなくても、人間が元々持っている「Needsを満たしたい」という欲求が強い原動力になり、あなたを行動させてくれます。自分でも知らず知らずのうちに強い行動力を示している時は、あなたの中に「Needs」が生まれている証拠です。その力を自在に操れるようになれば、あなたはどんな困難にも立ち向かっていける行動力を手に入れることができます！　ただ、世の中そんなうまい話ばかりが転がっているはずもなく、「Wants」から「Needs」へ意識を切り替えようとすると、自分の中の「リスクマネジメント」が起動し、失敗を恐れて行動を踏みとどまらせようとします。人間ってつくづく面倒くさい生き物ですね（笑）

リスクマネジメントがわれわれの行動を踏みとどまらせる

「Wants」と「Needs」を意識的に切り分けることは、「強みや弱み」そして「機会や脅威」を明確にする「SWOT分析」を行うと理解しやすくなります。普段われわれは、この「Wants」と「Needs」をあまり強く意識していないため、何か行動を起こそうとした時に、失敗して自分が被害を受けたり傷つくリスクを避けるために、無意識のうちに失敗が許容されやすい「Wants」を優先し行動に移します。そのため、失敗しても「仕方ない」という現状肯定を繰り返し、「Needs」を満足できた時の「達成感」や「成功体験」の機会を捨ててしまっています。なんかすごくもったいないですね。でも、そんな状況を変えるのは意外と簡単なのです。その答えは……、また次回以降でお話していきたいと思います。

まとめ

われわれ人間は、常に「リスクマネジメント」をしながら行動をしています。無意識のうちに自分のリスクを回避し、「安心安全」を確保しようとします。その行動心理が組織の問題解決の場でも起動し、問題解決を停滞させてしまいます。この状況を変えるためには「Wants」と「Needs」を意識するところから始める必要があります。無意識だったことを、意識するようになると、物事の見え方が変わってきます。見え方が変わると「Wants」を「Needs」に変換できるようになり、強い原動力を生み出すことが可能となります。「Needs」に背中を押されたあなたは、強い意志を持って行動することができます。それを実現するためには、まずは「Wants」と「Needs」を意識するところから始めてみてください。見える世界が変わってくるはずです。

36｜「あなたはいてくれるだけでいいの」

今回のコラムのテーマは、「あなたはいてくれるだけでいいの」です。ドラマなどでもよく耳にする言葉ですね。母親が我が子に対してかける言葉としてもよく登場し、無償の愛を端的に表しています。誰かにこんなこと言われ、自分の存在を肯定してもらえたら、嬉しくて天にも昇る気持ちになりますね。では、自分たちが所属する「組織」ではどうでしょう？　あなたは「いるだけ」でいいですか？

「いてくれるだけでいい」は組織にとって価値あることなのか？

このコラムを読んで頂いているほとんどの方が、何かしらの組織に所属していると思います。営利団体である企業勤めの方が多いですよね。自動車業界の方も多くいらっしゃると思います。そんな組織の中で「いるだけでいい」なんてことありませんよね？　ところが、その「いてくれるだけでいい」がよく生まれる場面があります。SWOT分析です。

ISO 9001やIATF 16949に取り組もうとすれば、組織の「強みや弱み」を分析することが必ず要求されます。その方法のひとつとして有名なのが、SWOT分析です。SWOT分析とは、取り組もうとする課題に対して、現時点の「強み＝Strength」「弱み＝Weakness」「機会＝Opportunity」「脅威＝Threat」をリストアップしていく現状把握のための分析手法です。

このSWOT分析で「強み」を考えてもらうと、出てくるんです、「いるだけでいい」が。「ルールがある」「基準書がある」「設備がある」「経験がある」等々「存在していること」が強みとして挙がってきます。これ、本当でしょうか？　たとえば、ルールや基準書などは「ある」ことが必須ですし、もし必須でなくてもあったほうが都合がいいですね。でも、これらはあるだけで本当に「強み」なのでしょうか？　活かせていなければ意味がありませんよね？　つまり、これらが存在していることはまだ「機会」であり、活用し成果を出せて初めて「強み」になるのです。

「ある」に価値が生まれるのは「ない」の反動

では、なぜこれらが「強み」に挙がってくるのでしょう？　それは「弱み」の反動だからです。SWOTの「弱み」には多くの「あれがない」「これがない」といった「ないない」が並びます。その反動で「ある」ことに価値が生まれ、「ある」だけで「強み」に分類されてしまいます。どんな組織でも、もっとたくさんの「強み」があるはずなのに、です。では、なぜ「ある」ばかりが「強み」として認識されてしまうのでしょうか？

これは、第2章のコラム04「『終わり良ければ全てよし』は本当に良いのか？」でもお話しした、「パフォーマンス評価をしていない」ことに端を発します。自分たちで自らのパフォーマンスを評価していないので、自分たちの「強み」が分からないのです。なので、その代わりに何かが

「ある」ことを「強み」として評価してしまうのです。一方、「弱み」も同様で、パフォーマンス評価をしていないので、手段や環境の不足に対して不満を挙げてしまい「ない」「ない」のオンパレードになってしまうのです。そうして、「ある」「ない」評価の後は、見えない「脅威」におびえ、自分たちで切り開けるはずの「機会」には、世の中がもたらす変化を挙げ、「SWOTを埋めること」を達成します。

「ある」「ない」評価が生まれるのは「パフォーマンス」評価をしていないから

つまり、「いてくれるだけでいいの」はパフォーマンスを評価されず、その「存在」のみを価値とする、「消去法の評価」の結果、ということになります（あくまでも営利達成を営みとする組織での役割の話であって、特定の個人の存在を否定するものではありません）。親が子を、子が親を、愛おしく思う気持ちは紛れもない価値判断です。しかし、組織の中では「存在」はまだ「機会」に過ぎず、その「パフォーマンスを評価する」ことが、次の改善への動機づけとなるのです。

振り返ればPDCAが回り出す

「ある」と「ない」だけの評価基準から、「パフォーマンス」へ評価基準へ変えていきましょう。「パフォーマンスの評価ってなんか難しそう」と思っているあなた、心配ありません。パフォーマンスを評価するのは意外と簡単です。それは、「振り返れ」ばいいのです。やったことを振り返れば、その結果や取り組みが勝手に評価され、「できたこと・できなかったこと・課題」が生まれ、次の取り組みの「目標」や「計画」が生まれます。実は、これこそがPDCAを回すための重要なステップなのです。

まとめ

もし、あなたが実施したSWOT分析で「ある」が「強み」に分類されていたら、今すぐ振り返ってみましょう。そして、「ある」ことの先で行われた活動や、その活動によって生まれた「結果」を評価してみましょう。良かったことも悪かったことも生み出されていたはずです。そして、「ない」ことは、それだけで本当に「弱み」なのでしょうか？　もしかすると「ない」ことから新しい「機会」に気が付けるかもしれません。そんな目でSWOT分析を見直してみると、今までとは景色が変わって見えるはずです。

そうして「ある」「ない」が判断基準だったところから、「パフォーマンス評価」ができるようになり、見つかった課題から改善の提案を行い、PDCAを回せるようになれば、「いてくれるだけでいい」や「いてくれたほうがいい」から、「いてくれないと困る」と言われる存在になることができるはずです。そんな今とは違う未来へのきっかけが、SWOT分析の中には潜んでいます。昔にやったきりになっているSWOT分析があったら、一度見直してみてください。きっと今まで気づかなかった何かが見つかるはずです。

37｜SWOTはいつでもあなたとともにいる

今回のコラムのテーマは、「SWOTはいつでもあなたとともにいる」です。前回のコラムでSWOT分析が登場しましたが、「SWOT分析がうまくできない」という声をよく耳にします。いざ、あの4つの枠を目の前にすると、何を書いたらいいのか分からなくなってしまいますよね。そして、いつしか苦手意識が芽生え、「SWOT＝難しい」と紐付けされ、敬遠されるようになってしまいます。こんな便利なツールが使われないのはもったいないですね。でも心配ありません。実は皆さん、毎日頭の中でSWOT分析をしているのですよ。本当はみんなSWOT分析が得意なんです。

人は常にSWOT分析している

われわれは、日々さまざまな出来事に向き合います。そして、そのたびに自分で判断を下し行動に移しています。「それって当たり前ですよね？」という声が聞こえてきそうです。そう、当たり前です。そしてその時、頭の中では当たり前にSWOT分析が行われています。たとえば、新たに仕事を頼まれたとします。「えー面倒くさい、他にもやらなきゃならない仕事があるのにー」と「脅威」が浮かびます。もし、この「脅威」が許容できない場合は、「断ろう」と判断します。しかし、「でも、これ前から少し興味あった件だし、誰かに相談しながらなら、なんとかなるかも」と「機会」を感じると受け入れようとします。さらに、「前に同じように仕事を頼まれた時もうまくこなせたしな」という「強み」があれば、安心して引き受けられます。一方で、「前もホイホイ引き受けて残業続きになったんだよな」と「弱み」があれば、その弱みを避ける判断をします。「弱み」を抱え、気持ちが後ろ向きなら断りますが、前向きなら「○○さんにも手伝ってもらっていいですか？」とリスク低減策を提示しながら受け入れます。このように、われわれは無意識のうちにSWOT分析を行い自分の行動を決定しています。

SWOTを意識すると見える世界が変わる

実はわれわれの中では、何か変化があるたびに「SWOT」が生まれては判断を下し行動し、また次の「SWOT」が生まれています。このように、われわれは自然にSWOT分析を行っているのです。実は全員がSWOT分析のベテランなのです。ただ、普段は「SWOT」を意識していないので、改めてやろうとするとうまく行かないだけなのです。これを改善するには、自分の中で生まれた「SWOT」を意識してみることです。何か判断をした時に「あ、今こんな『脅威』が思い浮かんで嫌だなって思ったな」とか「嫌だったけど、こんな『機会』もあるって分かったから今受け入れたんだな」などのように自分の判断を分析してみてください。そうして意識すると、頭の中の考えを「言語化」することができるようになり、取り組む問題に対してSWOT分析を行う際も、上手に「強みや弱み」、「機会や脅威」を言語化できるようになります。

脊髄反射からの脱却

「SWOT」を言語化できると、これらが自分の手のうちにあるように感じて、問題が最初に思っていた時よりも軽く感じられます。見えなかった「敵」が、「言語化」されることで自分で扱える「対象」に変わったからです。SWOT分析が上手にできるようになると、どんな問題も脊髄反射で恐れることがなくなります。「言語化＝客観視」は、人間を冷静にし、論理的にしてくれます。脊髄反射で「感情」と闘っていたあの日々と手を切ることができるようになります。

「脅威」の裏には「機会」がある

人間は何か出来事があると、基本、脅威側に思考が倒れ、「脅威排除」による「現状維持」を図ろうとします。これは、人間が本来持っているリスク回避能力によるものです。でも、いくら頑張って「現状維持」を続けても、決して成長は得られません。しかし、SWOT分析を身に付ければ、「脅威」に押しつぶされず、その裏に潜む「機会」に目を向け、自身の「強み」を活かし答えを見つけることができるようになります。そして、その思考のもととなるSWOT分析は、誰もがすでに身に付けている能力です。自身の能力を活用し、「現状維持」から脱却し、「機会創出」と「成功体験」を生み出す思考に変化してみませんか？

まとめ

いかがでしたか？　「SWOT分析なんかやりたくない」と思ったその瞬間、あなたの頭の中で「SWOT」が起動しています。いつでもどこでも動いているSWOT分析を使いこなせば、今あなたの目の前にある「問題」も、絶好の「機会」に変わるかもしれません。そうして訪れた「機会」を上手に「強み」に変えて、ご自身の「成功体験」を積み重ねていってください。「SWOT」はいつでもあなたとともにいます。恐れず慌てず、ひと息ついて、「SWOT」と向き合ってみてください。きっと前向きな思考が生まれるはずです。

38 | 足の小指を救うためには

今回のコラムのテーマは、「足の小指を救うためには」です。「なんのこっちゃ？」というテーマですが、意外と奥深いテーマです。では、早速考えていきましょう。

なぜ足の小指をタンスの角にぶつけるのか

皆さんも多かれ少なかれ、足の小指をどこかにぶつけ、もだえ苦しんだ経験があると思います。痛いですよね、あれ。誰のせいにもできない、ただひたすら痛みを受け入れ嵐が過ぎ去るのを待つ他ない切ない時間です。なんであんなことが起きてしまうのでしょう？　考えたことありますか？　これは、一説によると人間の空間認識能力による事象だと言われています。人間は自然に自分の身体の大きさを認識しており、そこから外部の障害物と接触しないで済む安全範囲を持っているそうです。そして、この空間認識能力によって、道を歩いていてもお互いに上手にすれ違ったり、電柱にぶつからずに済んでいるそうです。

人間の身体の不思議

では、なぜそんな優れた能力があるのに足の小指をぶつけてしまうのでしょうか？　この空間認識能力は、意外とその認識範囲が狭くて数ミリ～数センチ程度だそうです。そして、われわれの身体側の境界は「意識的有効可動部位」が影響しているそうです。つまり、意識して動かせる部分ですね。正座して足がしびれると、まともに歩けなくなって転んでしまったりしますよね。しびれて感覚がなくなるので、身体の正しいサイズが認識できなくなり、足を正しい高さで床につけなくなり転んでしまうのです。

意識しないと動かない

つまり、足の小指もそれと同じ状態だというのです。皆さんは足の小指、自由に動かせますか？　普段意識していないから上手に動かせないですよね？　なので、しびれているのと同じ状態で、小指が身体の一部と認識されていないのです。その状態でタンスの近くを通ろうとすると、認識された身体の範囲の外側に飛び出ている小指が見事にタンスの角にアタックするわけです。なので、普段から足の小指を意識して動かしていると、そこが身体の一番端と脳が認識して認識された身体の範囲の内側に入れるため、タンスの角にぶつけなくなるそうです。不思議ですね。皆さんもぜひ試してみてください。

意識すると「スコープ」に入る

足の小指をタンスの角にぶつける謎が解けたところで、なぜ今回このテーマだったのかというと、「しくみやプロセスも同じ」ということを伝えたかったからです。足の小指を意識するように、さまざまな取り組みで「意識すること」の大切さを知って頂きたかったのです。人間が、何かことを起こそうとすると必ず自分の中に「スコープ」が生まれます。そして、その「スコープ」は放っておくと、ほぼほぼ「自分のため」にという範囲にまで縮まってしまいます。これは自然なことなので避けられません。これを避けるためには「意識する」ことが必要なのです。たとえば、それがどんなことでも、活動を起こそうとする時に真っ先に意識しなければならないのはその活動に関わる「利害関係者」です。そして、その活動の利害関係者は自ら「意識」しないとスコープに入りません。でも、小指を動かすように意識し続ければ「スコープ」に入り続けます。そうすると、それらがセーフティーゾーンの内側に入り続けてくれるので、タンスの角に小指をぶつけるような「事故」が防げます。「意識」するだけで結果が変わるのです。

意識する練習はSWOTが有効

でも、この「意識する」ことがなかなか難しいのです。足の小指もすぐにその存在を忘れてしまいますよね。まさに、この「足の小指」が利害関係者の存在している場所なのです。「意識」すればすぐに見つかるのに、気が付くと存在を忘れてしまっている。でも、身体のバランスや本来の歩行機能を発揮するにはなくてはならない大切な要素なのです。この、ついつい忘れてしまう存在を意識できるようにするには「SWOT分析」が有効です。利害関係者たちを思い浮かべながら、彼ら彼女らのニーズや期待に対して現状自分はどんなことに応えられていて、どんなことが応えられていないのかな？　と、SWOTに分類してリストアップしてみてください。きっと、この後自分が何をしなければならないのかが見えてくるはずです。

意識し続けないとすぐに忘れる

これをやらないと、われわれは「自分のやりたいこと」を優先して「自己満足」を満たす行動を取ってしまいます。そうして、ある日思いっきり足の小指をタンスの角に打ち付けるのです。痛みと闘いながら、また「意識」することを忘れてたな、と思い出せればいいですが、痛みが治まったらまたいつも通りかもしれませんね。

まとめ

筋トレでもよく「動かしている筋肉」を意識しながら動作をするように言われますよね。意識すれば意識したところが鍛えられます。無意識だとただ動かしているだけで効果も効率も悪いです。しくみも同じです。効果と効率を求めるなら、まず「意識」することから始めましょう。これだけでもずいぶん見えてくる世界が変わりますよ、ぜひお試しあれ。

39｜親亀の背中に子亀が乗るのは必然だった

今回のコラムのテーマは、「親亀の背中に子亀が乗るのは必然だった」です。今回もよく分からないテーマですね。このコラムを読んで頂いている方々の中で「親亀の背中に子亀を乗せて、そのまた背中に孫亀乗せて、そのまた背中にひ孫を乗せて、親亀こけたら皆こけた」という往年のギャグを知っている方がどのくらいおられるでしょうか？　まあ、ギャグを知らなくても、亀が亀の背中の上に乗っかる、という様子は目に浮かぶと思います。今回はそんな情景をイメージして頂くところから始めてみたいと思います。

亀といえばタートル図

今回なぜ亀の話にしたかといえば、もちろん「タートル図」の話をしたかったからです。皆さんはタートル図をご存じですか？　ISO 9001やIATF 16949などの品質マネジメントシステムの運用でよく使われている分析ツールで、プロセス運用に必要なリソースや監視指標などの情報を記載する「ハコ」が亀の甲羅を中心に頭と尻尾、そして手足に配置しているように見えることから「タートル図」と呼ばれています。

タートル図はプロセスの4M設計図

今説明した通り、タートル図ではそのプロセスを運用するのに必要なリソース＝4Mを定義するので、プロセスオーナーはタートル図で定義した4Mを整備し、変化点などを含めてそれらリソースを維持・管理していけばプロセスを効果的かつ効率的に運用できるので、プロセス運用の際に非常に便利なツールなのです。足りないものもこのタートル図上で明確になるので、未然防止計画も立てやすいです。タートル図とコントロールプランを持っていれば、まずプロセス運用は怖いものなしです。が、実は本当に怖いのは意図せぬ行動を取る「人々」です。

タートル図は強力なサポーター

でも心配いりません。そんな「人々」を安定管理するために「方法」を用いて標準化を図り、人々がそのとおりのパフォーマンスを発揮できるのか「スキルマップ」でしっかり管理しスキル向上の支援を続けていけば、やがてプロセスは安定し着実に「意図した成果」が生み出せるようになります。心配なことがあれば「監視指標」を決めて定期的に見張りましょう。何か異常が見つかったら、すぐに対応すれば大きな問題にならずに済みます。

みんなタートル図を書くのが大きらい

このように、こんな便利なツールなのになぜか皆さんこのタートル図を作るのを避けようとします。「書き方が分からない」という声もよく聞かれますが、おそらくその前に「使い方が分からない」のでしょう。使い方が分かれば、何を書くかは勝手に思いつくはずです。が、結局ここでも「書くこと」が目的になってしまい、「書いてあればいい」という棚卸しチェック的な活動が「書くのが面倒くさい」という心理を生んでしまっているのだと思われます。先ほど説明してきたことを読んで頂ければ、分からないながらもなんとなく使い方が分かって「だったらこんなものも必要だよね」ということが頭に浮かんでくるはずです。面倒くさがらずに一度思いついたことを書いてみてください。

親亀と子亀はどっちが上に乗る？

そしていざ書き出してみると、なんか「もやもや」してくるはずです。「これって書くべきことなのか？」「これって自分に関係あるのか？」という疑問が次々と出てくると思います。実はそれ、皆さんの頭の中で親亀と子亀がケンカしています。どういうことかというと、「レイヤー」が混ざってしまっているのです。われわれは物事を考える時に、常に自分にとって都合のいい視点から物事を眺めます。たとえば、「それって課長の仕事ですよね」とか「それって私の仕事じゃないですよね」などと言って、なるべく自分から問題や責任を遠ざけるために自分とは関係のない「職制」の視点を持ち出し自身のスコープから排除しようとします。その「職制」＝「レイヤー」は、自分より上位の場合も下位の場合もあります。あっちいったりこっちいったり、視点が定まりません。そんな視点から生まれた言葉たちがタートル図の上に並べられているので、一貫性も整合性もつかめず「もやもや」し、挙げ句の果てに「面倒くさい」と投げ出したくなってしまうのです。

タートル図はレイヤーごとに作ることができる

なので、まずはレイヤーを固定しましょう。「管理者」としての視点なのか、「実行者」としての視点なのか、そこを固定しないと必要なリソースも意図した成果物も決められません。いくつも生まれてしまっている「視点」を「視点ごと」に分類してあげて、レイヤーごとのタートル図を作ってみてください。きっと頭の中もスッキリ整理できると思いますよ。

カメがあなたのやるべきことを教えてくれる

よく「立場が人をつくる」という言葉を聞きます。確かにそのとおりですが、誰もがその立場になった途端その立場に求められる職責を果たせるわけではありません。そのための準備や支援が必要です。しかし、残念ながら昨今のご時世、十分な教育訓練を受けてからその職位に就けるような恵まれた人はほとんどいません。みんな、やむにやまれぬ事情でいきなりそこに投げ込まれ、即、成果を求められます。まさに生き地獄です。そんな「不幸な目」に遭っている方々を助けてくれるのがタートル図なのです。自分のレイヤーに合ったタートル図を作れば、それが自分の仕事の設計図になります。そうすればあなたの手元の「カメ」が、あなたのやるべきことを教えてくれます。

まとめ

世の中はさまざまなレイヤーが重なって構成されています。そして、それぞれのレイヤーから意見が発信され、コミュニケーションが図られています。でも、多くの場合、このレイヤーがかみ合わない状態でコミュニケーションが交わされ、「不整合」が起きています。こじれた会話はなかなか解決策を見出せません。親亀は親亀、子亀は子亀の立場があります。これを整理しないでマウントを取り合うと、結局「皆こけた」となってしまいます。それを避けるためにも、皆さんも一度自分のレイヤーで「カメ」を書いてみてください。結構スッキリするはずです。そうしてスッキリと整理された道を、亀の歩みよろしく一歩ずつ着実に前に進んでいけば必ず目指したゴールにたどり着けるはずです。

40｜忘れたい嫌な思い出はなぜ忘れられないのか？

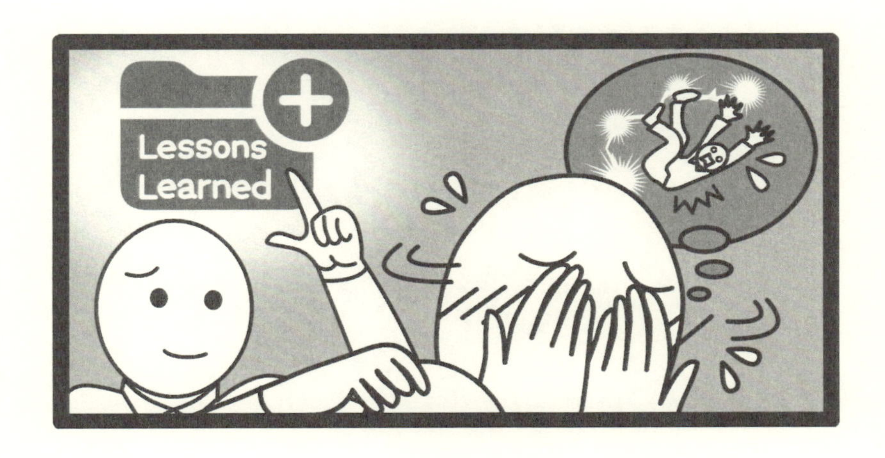

今回のコラムのテーマは、「忘れたい嫌な思い出はなぜ忘れられないのか？」です。皆さんにもある日突然、昔のいや〜な恥ずかしい思い出が脳裏によみがえってくる時がありますよね？　忘れたい思い出なのになぜかことあるごとに思い出し、一人恥ずかしい思いをするはめになる、できることなら忘れてしまいたいのに……。なぜ忘れられないのでしょう？

忘れられない恥ずかしい思い出は、大切なレッスンズラーンド

やらかしてしまった大失敗、みんなに大笑いされて恥ずかしい思いをした過去、みんな忘れてしまいたいですよね。でも、なぜか定期的に記憶によみがえってきます。「懐かしいなぁ……」などと思い出に浸ってい

る心のゆとりなどありません。今思い出しても恥ずかしい、二度と思い出したくない、そんな嫌な思いをします。これ、われわれの脳が、同じ失敗を繰り返さないように注意喚起として思い出させてくれているそうです。人間は忘れっぽいので、すぐにいろいろなことを忘れてしまいます。しかし、自分にとって二度と経験したくない、するべきでないような出来事は確実に予防しなければならないので、定期的に、根気よく、注意喚起してくれているのだそうです。そう思うとあの嫌な瞬間も少しありがたいものに感じてきます。人間の脳ってすごいですね。

それでも失敗を繰り返す人間

そんな素晴らしい振り返りによる未然防止機能があるのに、なぜわれわれ人間は同じ失敗を繰り返してしまうのでしょうか？　これは、元々われわれに備わっている「好奇心」が、次は大丈夫に違いないという「楽観思考」を誘発し「リスクの過小評価」をすることで背中を押してしまうことによる結果です。「注意喚起」だけでは「好奇心」に勝てないのです。では、この「好奇心」に打ち勝つにはどうしたらいいのでしょう？これにはやはりわれわれが持っているもうひとつの能力、「リスク回避」能力を使わなければなりません。

想像力の欠如が「未来の自分」を危機にさらしている

人間を力強く前に進ませる原動力「好奇心」に打ち勝つためには、「リスク回避」を発動させなければなりません。そのためには「過去の失敗」からの注意喚起と、前に進んだ場合の「この先の未来」を想像させる必要があります。それも、より具体的な「自分に降りかかるであろう被害」を想像させなければなりません。ここが具体的にならないと、その予測される被害が「他人ごと」のままで「自分ごと」にならず、「抑止力」になりません。しかし、われわれはどうしても「自分ごと」として未来の姿を描くことができないのです。ほとんどの場合、「今」目の前にチラついている成功が「確約された未来」のように感じてしまい、別の可能性として「未来」に待っている、「失敗や被害」を無視してしまうのです。

失敗の繰り返しは「タイパ」も「コスパ」も悪い

「恐れているばかりでは未来は切り開けない！」とおっしゃる方もおられるでしょう。その通りです。悪い未来ばかり思い描き、活動を止まらせることがやりたいわけではありません。ここでは、「過去の失敗の繰り返しを避けることで、成功の確率を高める」ということを実現したいのです。同じ失敗を繰り返すことほど非効率なことはありません。かけた時間も費用も無駄になってしまいます。活動の直行率を上げていくのは、「一度やった失敗を繰り返さない」ことが一番なのです。

なぜ組織にレッスンズラーンドが根付かない？

人間は、個人であれ組織であれ、自分をよく見せようとします。それ自体はいいのですが、その手段のひとつとして、自分の評価にとって悪い影響を与える情報を開示しないようにする傾向があります。たとえば、起こしてしまった失敗は、できるだけなかったことにしようとします。記憶に残されるのも嫌なのに、記録に留めるなどもっての外です。そこで、失敗の事実はなるべく過小評価し、できれば後で振り返ったりされないようにしようとします。さらに、失敗の記録も仮に振り返られたとしても、自分たちの失敗が明確に伝わらないような表現に留めます。よく、読んでも「なんのこっちゃ？」という過去トラ（トラブル）レポートに出会うことがありますが、それはこの心理が理由です。「未来の失敗防止」よりも「今の名誉保全」のほうが優先度が高いのです。

失敗防止は「好奇心」と「虚栄心」と「注意喚起」の戦い

失敗を繰り返さないためには、人間が根源的に持っている「生命の維持」という欲求を実現するために最も重要な「リスク回避」の手段でもある、過去の記憶による「注意喚起」をうまく活用すれば達成できる可能性が高いです。しかし、「自分の失敗を隠して自分をよく見せたい」という「虚栄心」と、「いろんなこと全部取っ払ってでもこの先に待っている『はず』の楽しそうな未来をつかみたい」という「好奇心」が、先を見通す「想像力」を奪い、失敗の繰り返しへの道を進ませてしまっているのです。

見える化ツールが人を冷静にする

これを防止するには、冷静に判断できる環境を作ることが不可欠です。その方法のひとつが「現状の見える化」と「予測される未来を描く」という組み合わせです。人は、目に見えたものは比較的冷静に受け入れることができます。普段は自らそれらをなるべく見えないようにして活動しているのですが、逆に、自らの手で見える化をすると、それを冷静に受け入れることができ合理的な判断を下せるようになります。そのステップを踏むことができれば、失敗防止は実現可能となります。われわれの周りにはそのための「見える化ツール」が数々準備されていますが、なかなかうまく活用されていないのが現状です。

まとめ

「人間」も「しくみ」もやりたいのは「失敗防止」ですが、人間はしくみを超えた生き物で、「こころ」が優先してしまいます。基本、とにかく前に進もうとする「こころ」を、いったん立ち止まらせ冷静に合理的な判断を生み出すためには、「見える化」が効果的です。そのために作られたのが「しくみ」ですが、われわれ自身の「こころ」が邪魔をして、せっかくの「しくみ」がうまく使えていないのかもしれません。今後も、このコラムで「しくみ」の上手な使い方について考えていきたいと思います。

41 | 管理者が指標を現場に投げるからパフォーマンスが上がらない

今回のコラムのテーマは、「管理者が指標を現場に投げるからパフォーマンスが上がらない」です。組織の管理監督者であれば、監視指標を設定してプロセスの監視を指示することは当たり前です。でも、この監視指標、皆さん何か違和感を覚えていませんか？　今回はその違和感について考えていきましょう。

KPIという名のKGI

このコラムのはるか昔、コラム07「『できてます』は、できてない」でお話しした、KPI「Key Performance Indicator」とKGI「Key Goal Indicator」のことを覚えてますでしょうか？　プロセスのパフォーマンスを測るKPI

と、必達目標＝ゴールの達成率を測るKGIを混同して使ってしまうと、「できてます報告が生まれる」ということをお話ししました。プロセスの監視指標は、組織の上位層から目標とともに降りてきます。組織の上に行けば行くほど、「必達」目標が設定されます。そうしてそこで決定された必達目標であるKGIが、ほぼ間違いなくKPIという名で現場に降りてきます。

自分のレイヤーのKGIを下層に下ろすと部下は結果オーライの仕事を始める

各部門の責任者がそれぞれの必達目標を考え設定することは、組織運営をする上でも必要不可欠なことです。そして、その目標をメンバーに共有することも必要です。でも、その必達目標を監視指標の「KPI」として部下に報告させるのは間違いです。なぜなら、部下がその「必達目標を達成すること」が目的になってしまうからです。そうすると、「数字＝目標が達成されていればいいでしょ」というマインド生まれ、どんな取り組み方だろうと「最後に結果が出てればいいでしょ」という、結果オーライの仕事をし始めてしまいます。

自分の指標の数値は自分で集める

これは、そのレイヤーの管理者が自身で決めた、もしくは上位層によって決められた、指標の数値を「部下に報告させる」ことで招いてしまいます。KPIを部下に共有するのはかまいません。が、その数値の集計をさせることをしてはなりません。「監視」するのですから、その数字は自分で集めなければ「監視」したことになりません。ここの「監視測定プロセス」を効率化しようとして、部下に集計までさせることは、もはや「監視」ではありません。「監視責任の放棄」です。

部下には自分たちの目標を決めさせる

自分の部下たちに組織の監視指標を共有したら、その指標を達成するために自分たちで「取り組む＝努力する」目標を決めさせるのです。これがKPIです。「自分たちのパフォーマンスを維持・向上させることで、組織の目標を達成する」という「KPI→KGI」の関係を作ることが、本当の意味での「パフォーマンス評価」につながります。上から投げられた「必達目標」から、自分たちで決めた「努力目標」へシフトすることで、組織のパフォーマンス向上が期待できるようになります。

違和感の正体は「監視」の丸投げだった

「必達目標」は達成して当然なので、達成した後に振り返りが生まれません。仮に達成できなくても、「仕方ない」という「現状肯定」や、本気で思っていない「反省」が生まれるだけで、活動にフィードバックがかかりません。一方、「努力目標」は、達成してもしなくても振り返りが生まれやすいのです。あそこが良くなかった、ここは良かった、これが次の課題だ、と次の取り組みへのインプットが生まれます。これによりパフォーマンスの改善が期待できるようになります。つまり、これまで「KPI、KPI」と追い回される割によくなっている実感が感じられなかったのは、本来責任者が監視測定する数値＝「KGI」を、部下の皆さんが監視測定させられていたからなのです。完全にレイヤーがずれてしまっているのです。

成果の見える化は結果オーライの弊害を生んでいた

このように、プロセスの有効性や効率を向上させようと導入されたマネジメントシステムが、その最大の売りである「プロセスパフォーマンスの可視化＝measures」を重視するあまり、「KPIとKGIの誤用」と管理監督者がその監視プロセスまでを効率化し「現場に丸投げ」したことで、プロセスパフォーマンスとは程遠い「結果オーライ思考」を生み、未然防止よりも数値化しやすい「事後処理検出」による評価が正義となってしまいました。これにより、品質マネジメントシステムの「本来の目的」とは異なった運用が行われてしまっているのです。これでは、運用している側もメリットを感じられず、「アンチ」が増えてしまうのもうなずけます。まずはこの絡まってしまった糸をほどいていくことが必要なのかも知れません。

まとめ

品質を始めとしたさまざまなマネジメントシステムは、われわれ人間の特性と間違った理解、そしてちょっとした「ズレ」が積み重なり、本来の意図とは異なった使われ方をしてしまっています。でも、現状を正しく理解し、やりたいこととのギャップを明確にして「ズレ」を修正していけば、きっと多くの人や組織に「メリットのあるしくみだ」ということが理解してもらえるはずです。絡み合ってしまった糸も落ち着いてゆっくりたどっていけば、きっとほどくことができます。希望を捨てずに取り組んでいきましょう！

42 | リーダーは成り損なのか？

今回のテーマは、「リーダーは成り損なのか？」です。会社であれ学校であれ、どんな組織・集団でも必要なのが「リーダー」です。ひと昔前であれば、自身のキャリアの成功条件のひとつとして「リーダー」としての職責を得ることは、人生の目標でもあり誇りでもありました。しかし、現代ではそうでもないようです。SNSの登場により、ありとあらゆる監視の目が光るようになり、とてもではないけれど「得られる権利や報酬」が「課される責任やリスク」と釣り合わなくなってしまいました。要は「コスパ」が悪いのです。「リーダー」は成り損なポジションとなり、敬遠されるようになってしまいました。でも、本当にそれだけが理由でしょうか？　今現在「リーダー」として苦労されている方も、この先の自身の「キャリア」を考えている方も、一緒に考えてみましょう。

「リーダー」の役割は「責任を取ること？」

規模の差こそあれ「リーダー」は組織の長であり、メンバーへの指示命令を下し、進捗や結果といった情報を吸い上げ、次のアクションの決定をします。そして、「何かあった時」の対応の責任を取ることが求められます。そう、この最後の「責任を取る」ことこそがリーダーの最も重要かつ避けられない「役割」なのです。しかし、われわれは誰しも組織はおろか自分のやってしまったことの責任をとることすら嫌なのに、自分の「部下」がやらかしたことの責任を取るなんてまっぴらごめんだ、と思ってしまうのです。

優先順位は「責任回避」

そのため、リーダーが最優先で取り組むのは「責任回避」です。可能な限り全ての責任から逃れるためには、「何もやらない」ことが得策です。「指示も出さない」「情報も集めない」「判断もしない」そうすれば、自分に責任は発生しません。後は、上から指示されたことを指示された通りやれば、責任は自分には降りかかってきません。しかし、好もうと好まざろうとその職責に就いた時点で「管理責任」と「実行責任」が自動的に付いてきて、たとえ何もしなくても最後にはこのふたつの責任を取らなければならないのです。つくづく「リーダー」って損な立場ですよね。

「リーダー」になりたくないのは「自信」がないから

結局のところ、みんなが「リーダー」になりたくないのは、「何かあった時に問題解決ができる自信がないから」なのではないでしょうか？
誰だって問題は起きて欲しくないし、問題解決なんてやりたくないと思うでしょう。でも、もしあなたが「問題解決」できる力量があったら、

「問題解決」できる自信があったら、安心して「リーダー」ができますよね？　さまざまな場面で「判断」を求められ、「正しい判断」をしなければならない、と思うとプレッシャーで押しつぶされそうですが、その時点での「判断に必要な情報」が手元に集まれば、「妥当な判断」が下せます。なにも「正解」である必要はないのです。

「リーダー」は楽しい

そう考えてみると、「リーダー」に必要な力量・技量は、いかに「判断するのに必要な情報を集められるか」にかかっています。ならば、その情報が自分のところに流れてくるような準備を整え、集まってきた情報を分析・解析し、足りない情報を集める方法を考え、そのために部下の配置や行動を指示し、「妥当な判断」を繰り返し、意図した成果を導き出そうとする。もし、意図しない結果に終わってしまったらその原因を調べ、次はどうやったらうまく行くかを考える。そのためのリソース「ヒト・モノ・カネ・時間」を会社から提供され、足りていない部分を補う戦略を考える。「リーダー」って実は楽しむ機会を与えられた選ばれた人なのです。

「正解」を出そうとするから逃げたくなる

「そんなの理想論だ！」って言われるかもしれません。そうですね、理想論です。では、あなたが達成できそうな「現実論」は何ですか？　理想と現実は違います。理想には届かなくても「現実」を可能な範囲で「理想」に近づけることはできます。「正解」はありません。「あなたなりの方法」で現時点での「最適解」を導き出すことはできます。自分なりに考えて、失敗もして、経験を積んでたどり着いたその時点での「最適解」があなたにとって、組織にとっての「正解」となるかもしれません。「正解」

を出そうとするから「リスク」が先に立ち逃げたくなってしまうのです。「最適解」を導き出そうとすれば、リスクも失敗も次の「最適解」を導き出すための過程になります。これは自分自身のリアルRPGなのです。

「リーダー」は本当に成り損なのか？

いかがでしょうか？　「責任」が先に立ち「責任回避」行動を優先事項として選択してしまい勝ちですが、「正解」から思考を切り離すことができれば、「最適解」というゴールに向けて、「正しい判断」から「妥当な判断」に行動変容することが可能となり、「判断に必要な情報を集める」ことが行動目標となり、「そのための準備」として計画が生まれます。見えない「正解」を目指して入口から無理筋な「計画」を立てるよりも、まだ答えのない「最適解」に向けて、判断材料となる「情報」を集める計画を立てるのは「リーダー」に与えられた「特権」です。この「特権」を活用し職責を全うすることは、「リーダー」としての力量を身に付ける「機会」そのものです。「責任」という「脅威」に押しつぶされるか、「成長」という「機会」を活用するか、それは「あなた次第」です。

まとめ

誰だって、経験したことがない立場からは逃げ出したくなります。しかし、「未経験」という不利な条件であったとしても、ちょっと視点を変えてみると新たな「機会」となります。心の中に浮かんだ「脅威」に打ち勝ち「機会」をつかみ、新たな「経験値」を手に入れたあなたは、もう立派な「リーダー」であり、その「責任」を全うしています。あれだけゆううつだった「リーダー」という立場が自身を成長させてくれる「機会」だったということに気が付くはずです。

43 | 振り返らないとスコープは広がらない

今回のコラムのテーマは、「振り返らないとスコープは広がらない」です。第3章のコラム13「失敗は振り返りたくない」の回では、われわれが「振り返りたがらない理由」と「それによって起きてしまっている現実」を考察しました。今回は、なぜこんなにしつこく「振り返り」にこだわるのかを「スコープ」に焦点を当てつつ、その理由について考えていきたいと思います。

「スコープ」が活動の目的を決める

「スコープ」って何でしょう？　活動する「範囲」とか「領域」のことですね。どんな活動も、この「スコープ」を決めないと計画が立てられません。そうして、この「スコープ」の中に取り込まれた「利害関係者たち」の満足を達成した度合いが活動の成否の評価となります。皆さんは、活動を開始する前にこの「スコープ」を決めていますか？

「スコープ」は放っておくとどんどん縮まる

この「スコープ」は、意識していないとどんどん縮んできます。そうして、やがて「自分のため」という範囲に帰結します。こうなるともう活動は大失敗です。でも、不思議なことに「スコープ」が縮まってしまったことは、本人は全く気づきません。周りから見ると完全に「自己中」な振る舞いをしているのに、当の本人は「みんなのためにわざわざ自分がやってあげているんだ」と思っているのです。そうして、この「わざわざやってあげている」という思いが、自分の行動を「正当化」し、どんどん「自己中」が加速していきます。

自分の利益確保が最優先

基本、人間は自分の利益のために行動します。その行動の中で自分に降りかかる「リスク」は可能な限り排除し、自分の利益確保を目指します。こんな状態で失敗をすれば、前回見てきたような他責の「ないない」が生まれても仕方ないですね。ここまでのたった10数行で、「人間ってなんてSelfishな生き物なんだ！」と思ってしまいますね。でも、それだけではないのです。人間は利己的でありながら、一方で社会的な存在なのです。

誰かのためにも力を発揮する

人間は「自分のため」に力を発揮しますが、「他の誰かのため」にも力を発揮することができます。そして、「誰かのため」に行動する時には

「不安」も押し除け、「勇猛果敢」に前に進もうとします。「自分のため」なら「リスク回避」を選んでひるんでしまうことも、「誰かのため」なら「リスク」をものともしないのです。この、「誰か」が「スコープ」に入っているうちは、人間はとても社会的な存在として力を発揮します。

振り返らないと「スコープ」が広がらない

しかし、そんな頼もしい人間も「スコープ」の縮まる力にはかないません。「スコープ」が縮まる力は強烈で、気を緩めるとあっという間にスコープが「自分のため」に縮まってしまいます。一度縮まった「スコープ」は、放っておいても再び広がりません。が、「振り返る」ことで広げることができます。というか、「振り返らないと広がらない」のです。「振り返る」ことで、これまでの「達成状況」＝「利害関係者である『誰か』の満足」をどの程度達成できているのかを評価し、それにより「達成できたこと」と、足りていない「次への課題」が生まれ、次の活動の範囲「スコープ」が広がります。

振り返らないと「結果オーライ」の「現状維持」が生まれる

一方で、この「振り返り」をしないと、「自分の利益」が判断基準になり、「結果オーライ」の評価が生まれ、「現状肯定」や「現状維持」が生まれます。「現状維持」は苦しいです。「自己正当化」のための言い訳を繰り返し、常に「他責」を探し、「リスク」を回避し続ける「不安」との戦いが続きます。

「振り返る」だけで未来が明るくなる

「現状維持」の「自己満足」から抜け出し、「継続的改善」が生まれる

「利害関係者満足」を手に入れるには、「振り返る」だけでいいのです。しかも、この「振り返り」はいつでもどこでも、「振り返った」だけその効果が得られます。びっくりするくらい「お得」な活動なのです。時も場所も選ばず、簡単にできて、その効果も抜群の、「振り返り」これをやらないなんてもったいなさ過ぎます。

まとめ

いかがですか？　これまで本当にしつこいくらい「振り返り」に固執してきた理由が分かって頂けましたか？　どんなに高い授業料を払うよりも、簡単に仕事が改善できる「振り返り」、一度その効果を体感したら、もう「振り返」らずにはいられなくなります。あなたの「スコープ」は、今どこまで縮んできていますか？　急いで振り返らないと、縮み切ってしまいますよ！

44｜ニーズこそがプロセスのインプット

今回のコラムのテーマは、「ニーズこそがプロセスのインプット」です。プロセスを起動させるインプットは「ニーズ」です。この「ニーズ」を適切に取り込まないと、プロセスは「自己満足プロセス」に陥ってしまいます。今回は、間違ったインプットを元にプロセスを開始するとどんなことが起こってしまうのか？　について考えていきたいと思います。

「プロセスのアウトプットは次のプロセスのインプット」ではない

ISO 9001に取り組もうとすると、プロセスの「インプットとアウトプット」を規定することが求められます。その際、「あるプロセスのアウトプットは、次のプロセスのインプットである」と教わる場合があります。そうして「インプットとアウトプットがつながっていき、最終的な成果物が生まれる」というわけです。確かにこれは間違ってはいません。ただし、この流れの中でインプットとアウトプットを具体的な「物」、たとえば「部品」や「書類」としてしまうと、後工程のことを配慮しない「自己満足」なアウトプットを生み出してしまう可能性が高まります。なぜなら、そこにはプロセスを運用する人々の「意志」が反映されていないからです。

プロセスのインプットは「ニーズ」

人々の「意志」が反映されていないと、「作ればいいでしょ」「書いてあればいいでしょ」といった、自己満足の「現状肯定」が生まれやすくなってしまいます。そのプロセスの「利害関係者たちの思い」＝「ニーズ」が取り込めていないと、自分たちで作り出したアウトプットが「利害関係者たち」を「満足」させているか？　という評価が生まれないためです。そうならないためには、プロセスを開始する前に確実に「ニーズ」を取り込む必要があります。そうして、その「ニーズ」を満足するためにはどんなことをしなければならないのか？　を考えなければなりません。

ジュースの自販機に学ぶインプットとしての「ニーズ」

皆さんはジュースの自販機を利用したことがありますか？　ほとんどの人がありますよね。では、この自販機の「インプット」と「アウトプット」を答えられますか？　多くの人が「お金（コイン）がインプット」で「ジュースがアウトプット」と答えると思います。確かに間違いではありません。お金を自販機に投入して、欲しい商品のボタンを押せばその商品が出てきます。でも、実はこのインプットとアウトプットはまだプロセスの内側の話なのです。タートル図でいえばまだ胴体の中の話で頭と尻尾に届いていません。

自販機が応えている「ニーズ」は「ジュースが飲みたい」

そもそも自販機が達成しようとしているのは、われわれがそれを求める「動機」=「喉が渇いたので喉を潤したい」という「ニーズ」です。その「ニーズ」に応えるために自販機を設置し、「お金」と「ジュース」という「手段」を通じて「喉を潤せた」という「満足」を達成しているのです。そう、これがタートル図の「頭と尻尾」です。「お金とジュース」だけだと、本当の「ニーズ」は満たされていないのです。

人のニーズは多種多様

たとえば、あなたが真夏の暑い日に外で活動をしていて喉がカラカラになり「冷たい炭酸飲料」が飲みたくなったとします。そこで、道端にある自販機を見つけジュースを買おうと思ったら、熱々のホットコーヒーしかなかったらどうですか？　あなたのニーズは満たされますか？　次に、隣にあった自販機には冷たいジュースがありました、ホッとしてコインを入れたらそのままお釣りの返却口からコインが戻ってきてしまい何度投入してもコインが認識されません。あなたはどう思いますか？

自販機は多種多様なニーズを満足させる究極の「顧客指向プロセス」

皆さんご存じのように、自販機は季節ごとに商品が「Hot」が「Cold」と入れ替わったり、新商品や売れ筋商品がラインナップされていたり、われわれ消費者のニーズを満たそうと常にアップデートされています。

また、可能な限りコインの検出感度を調整し、磨耗した硬貨をできる限り許容しつつ偽造硬貨を利用させないように設計されています。どこに許容値を設定するかはメーカーが決めていると思いますが、市場からのフィードバックも参考にアップデートしているでしょう。最近では、電子マネーに対応した自販機も増えてきています。このように、自販機はわれわれ消費者の「いつでもどこでも、飲みたいと思った時に飲み物を手に入れたい」という「ニーズ」を満足させようとしている究極の「顧客指向プロセス」を実現しているのです。

「ニーズ」を取り込まないと寒い冬に「キンキンに冷えたジュース」を渡して満足してしまう

「自販機」プロセスを「お金」が「インプット」で「ジュース」が「アウトプット」と考えてしまうと、凍えるような寒さの日に「キンキンに冷えた炭酸飲料」を「これおいしいですよ」と相手に手渡し、「相手はジュースが飲めて喜んでいるはず」という「自己満足」なアウトプットを生み出してしまいます。都度生まれる「ニーズ」を「敏感」に、そして「確実」に取り込むことが「利害関係者の満足」という「アウトプット」を生むための「インプット」になります。

まとめ

いかがでしたか？　われわれは、ついつい「手段」に視点がいってしまい「手段を実行すること」こそが「目的」となってしまうことで、「手段」を生むきっかけとなった「ニーズ」を見落としてしまいがちです。「ニーズ」を見失ったプロセスは「自己満足」を生み出し、違う意味で「自工程完結」を達成してしまいます。正しく「ニーズ」を取り込むにはSWOT分析などのツールが効果的です。その活用方法についてはまた次回に。

45｜ニーズの検出率と取り込み率の比がプロセスのパフォーマンス

今回のコラムのテーマは、「ニーズの検出率と取り込み率の比がプロセスのパフォーマンス」です。前回お話ししたとおり、プロセスのインプットは「ニーズ」です。この「ニーズ」を適切に取り込まないと、プロセスは「自己満足」プロセスに陥ってしまいます。今回は、プロセスのパフォーマンスを評価する「視点」と「ニーズ」の関係について考えていきたいと思います。

プロセスの「パフォーマンス」は利害関係者満足で評価される

プロセスを評価しようとすると、おなじみKPIやKGIが思い浮かびますね。KGIは必達目標＝ゴールですから、組織としての「パフォーマンス」

評価指標としては良いかもしれません。一方で、プロセスの「パフォーマンス」を評価するならばやはりKPIが必要です。この時、プロセスの「パフォーマンス」は「そこに関わる『利害関係者』の『ニーズ』や『期待』にどの程度応えられたか？」が重要な視点になります。利害関係者の満足が得られれば得られるほど、そのプロセスの「パフォーマンス」が高い、ということになります。

「利害関係者」も「ニーズ」も多種多様

プロセスに関わる「利害関係者」は大勢います。そして、それら「利害関係者」の「ニーズ」もさまざまです。この、多種多様な「ニーズ」の全てに応えることは至難の業です。とはいえ、それら「ニーズ」を無視するわけにはいきません。そこで、これら「ニーズ」をどれだけ理解し、自分たちのプロセスの中に取り込み「利害関係者」の満足を達成するかが、そのプロセスの「パフォーマンス」になります。

「ニーズ」満足度の現状評価がSWOT

何の前提条件もなくSWOTを実施すると、「自分たちが中心」の視点で周りを評価してしまいます。何かがあれば「強み」、足りないものはみんな「弱み」、「機会」は組織から与えられ、「脅威」は顧客からのクレーム、という典型的なSWOTが生まれます。しかし、「利害関係者」とその「ニーズ」を明らかにしてからSWOTを実施すると、今、満足できていることが「強み」、満足できていないことが「弱み」に分類され、できていないことにより想定される悪影響が「脅威」として浮かびます。また、「機会」には「ニーズ」を超えた先の利害関係者の「期待」が取り込まれ、「ニーズ」に応え「期待」を超えるための取り組みが、プロセスに取り込まれるようになります。

「ニーズ」が自分たちの評価を生む

このように、利害関係者の「ニーズ」を考えることで、今まで「自分たちから外」を評価していた視点が、「外から自分たち」を評価する視点に切り替わり、基準となる「外＝利害関係者」を満足させるための「動機」が生まれます。今までは、自分たちで直接影響を与えられない「外」に対して評価をしていたため、対策として取れることが、「手段」を変え、周りに「行動変容」を要求することだけでしたが、直接影響を与えられる「自分たち」を評価できるようになると、自分たち自身で「結果」をコントロールできるようになるため、強いモチベーションが生まれます。

「ニーズ」が取り込めた分だけ推進力に変わり勝手にパフォーマンスが上がる

このように「ニーズ」を取り込み始めると、その「ニーズ」を満足するための動機が生まれ、行動につながります。「ニーズ」は取り込めば取り込むだけ行動が生まれるので、分母が増えた分だけ確実に成果が増え、結果としてプロセス全体のパフォーマンスが向上します。「ニーズ」の満足度の評価からは「振り返り」が生まれ、次の課題が明確になりプロセスの改善も回り出します。「ニーズ」が満足できるようになると「期待」にも応えたいという「自分たちのニーズ」も生まれ、プロセスのパフォーマンスはさらに向上していきます。

「ニーズ」を取り込むだけでプロセスの原動力が生まれる

今まで取り組んできたSWOTなどの活動は、「ニーズ」を考えることで評価基準が「自分たちから見た外」から「外から見た自分たち」に入れ替わり、SWOTの中身も「棚卸し評価」から「パフォーマンス評価」

に切り替わり明確な活動の「動機」が生まれます。この「動機」は、「自己満足」から「利害関係者満足」に向かってプロセスを動かすため、途中で「妥協」する確率が下がり目標達成に向かう原動力が維持されるようになります。「自己満足」のための活動の評価は「現状肯定」の「現状維持」が生まれやすいですが、「利害関係者満足」のための活動の評価は「振り返り」による「課題」を生み、「継続的改善」のための新たなる「動機」を生みます。こうして、「パフォーマンス」が向上しながらさらなる「パフォーマンス向上」のための「継続的改善」が回っていきます。

まとめ

いかがでしたでしょうか？　現状プロセスにたったひとつ、「ニーズ」を取り込むステップを差し込むだけで、プロセスの原動力が変わり結果も変えることができます。その原動力の源はわれわれ自身が生み出しています。自分中心の内向きな力も、周りの人たちに向けた外向きの力も、どちらもわれわれ自身から生み出されています。自分中心の内向きな力は、その反動で「外」を評価し他責の「現状肯定」を生みます。周りの人たちに向かった外向きの力は、逆に「内」を評価し「次への課題と未来の成功」を生み出します。力の向きひとつで大きく結果が異なってしまうのです。皆さんならどちらを選びますか？

7

第7章　ツールは使われるのではなく使うもの

◉

問題解決の成功確率を上げるためにさまざまな支援ツールが考えられ導入されています。しかし残念ながら、ツールの目的や使い方が伝わらない状態で広まり多くのツールが要らないのに使わないとならないお荷物状態になってしまっています。どうしてでしょう？

46｜体重計乗るだけダイエットはなぜ乗るだけで痩せる？

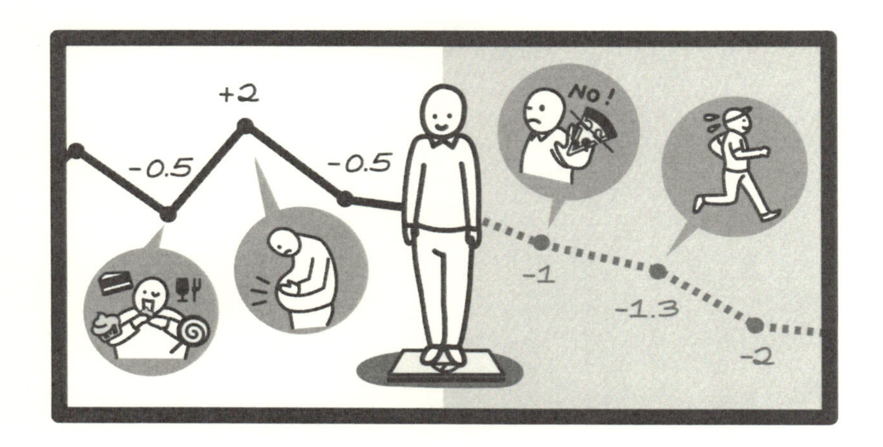

今回のコラムのテーマは、「体重計乗るだけダイエットはなぜ乗るだけで痩せる？」です。皆さんは、体重計乗るだけダイエットご存じですか？　その名の通り、特に意識的に何かをするわけでもなく、ただ毎日体重計に乗るだけで体重が減っていくという魔法のようなダイエット方法です。今回は、ここで起きているメカニズムについて考えていきたいと思います。

なぜ乗るだけで痩せるのか？

最初に言っておきます、「体重計に乗る」という行為そのもので体重が減ることはありません。このダイエット法では「体重計に乗る」という手段が「モニタリング」機能を果たしているのです。この「モニタリング」によって、「行動と結果」の相関関係が見える化され、最終目標に対して「より好ましい」行動を促すサイクルが生み出されているのです。

体重が見える化されると行動に意味が生まれる

毎日体重計に乗って体重を記録していっても、最初のうちは何の変化も生じません。が、ある日ほんのわずか増えたり減ったりする日が出てきます。そうすると、その変化に対して理由を探そうとします。増えたのなら「この間夜中にラーメン食べちゃったからかな？」とか「おやつ食べすぎちゃったかな？」とか、思い当たることがあるはずです。逆に減ったとしたら「ひと駅歩いた効果だ！」とか「食べる量減らしたからかな？」など、こちらも行動と結果の因果関係を考え始めます。

成果が出始めると弾みがつく

このように、行動（インプット）と結果（アウトプット）の因果関係を考え始めると、求める結果に対して行動を変える意思が生まれます。「もっと運動しよう」とか「もう少し食べる量を減らそう」など、より好ましい結果を求めて行動をコントロールしようとします。すると、それがまた結果につながり、どんどん行動することが楽しくなってきます。こうして、結果が出るようになってくると行動は習慣化し、さらに結果がついてきます。ここまで来ると、もう目標達成のためというよりも行動を続けること自体が習慣となり、さらにそこから生まれる次の目標に向かって行動をさらに変化させていきます。

相関と傾向が見えるとやる気が出る

「体重計に乗る」という行動によってアウトプットを見える化することで、インプットとの相関も見える化され、毎日継続することで傾向も見えるようになります。このように、行動と結果の相関と傾向が見えるようになるとわれわれ人間は、これまでの結果に対する達成感とその先への期待感で、もはや特別な動機づけがなくても勝手に自らモチベーションを生み行動を継続していきます。不思議なことに、これはどんな行動・活動についても当てはまり、われわれの背中を押してくれる強力な原動力になってくれます。

傾向が見えると危険も見える

体重の場合のように、毎日記録をつけていくと推移がひと目で分かる折れ線グラフが生まれます。減少傾向が目で見て確認できると、実際に体重が減ったこと以上に気持ちもあがります。さらにこのグラフを眺めていると、記録をつけていなかったら気が付かない異常に気づくこともできます。たとえば、しばらく減少傾向だったのに、一定期間現状維持が続くと最近の行動を振り返ります。運動量が足りなかったのか？　はたまた食事の量が多すぎたのか？　自身で因果関係を考え、再び減少傾向を生み出す方法を考え行動に移します。そうしてまた、この行動の結果を観察していきます。このように、傾向を見える化しておくと、自分で勝手により好ましい方向へと修正を図るようになります。

乗るだけダイエットはSPC

これこそが現場管理で重要視されているSPC（Statistical Process Control）です。目標達成に影響を与える重要な数値を連続的に監視し続けることで、影響因子との相関や結果の傾向をつかみ、異常が検出された際には「素早く修正を行い安定化を図る」ことが目的の工程管理手法です。体重計乗るだけダイエットは「体重」を連続的に監視することで継続する意思を生み、「行動と結果の因果関係」から行動をより好ましい方向へと自然に向かわせ、より効果的に目標達成に近づけることを可能とします。結果が伴うと、より「やる気」が生まれ、ますます良い結果につながるというスパイラルを生み出します。

誰でもできる行動に落とし込んだエコ戦略

このダイエット方法は、「体重計に乗る」という誰でもできる行動に焦点を当て、あたかも魔法のようなフレーズで「好奇心」を抱かせ、人間の持つ心理特性を巧みに利用することで心理的負荷を最小化した見事な手法です。そして、このしくみはSPCそのものであり、人間の持つ「気づき」と「予測可能な未来に向かおうとする行動力」を原動力にした、外部からの動力を必要としない究極のエコシステムであり、他人の手も煩わせないという、システム運用の管理労力までもダイエットしているのです。

まとめ

「体重計乗るだけダイエット」は、そのフレーズから人々の「好奇心」をくすぐり、「実行する」ハードルを下げ、体重を記録することで傾向を「見える化」し、「予測可能な未来」を思い描かせることで、自らゴールに向かって行動する「動機を生み出す」という他者の介在を必要としない究極のエコシステムを実現しています。一度このシステムに乗ってしまえば、後は生み出した結果が自らを律し、行動を継続させるという「自律的継続システム」が動き続けます。ただし、そんな計算され尽くしたシステムでも、大きな敵はシステムが起動するまでに「助走期間」が必要ということです。ここを乗り切るためには、やはり「忍耐力・精神力」が必要なのかもしれません。やはり、くるくる回るものは「動き出すまで」が一番大変なのかもしれません。問題解決も取り掛かるまでが一番大変ですよね。いや、取り掛かった後も大変か（笑）。

47｜お気に入りは違いの分かる人を生む

今回のコラムのテーマは、「お気に入りは違いの分かる人を生む」です。皆さんそれぞれに「お気に入りのシェフ」とか「お気に入りの品」とか「お気に入りの場所」など、お気に入りの「ヒト」や「モノ」「環境」をお持ちですよね？　今回は、そんな「お気に入り」たちがわれわれに与えてくれる影響について考えてみたいと思います。

お気に入りは心地よい

皆さんもお気に入りのペンとかノート、はたまたキーボードやマウスなどがありますよね？　明確な理由がある場合もそうでない場合も、「やっぱりこれが書きやすい」とか「使いやすい」と感じる道具たちがあるはずです。他には、「この人の教え方が分かりやすい」とか「この店のこれがおいしい」など「モノ」や「ヒト」「方法」「場所」といった、たくさんのお気に入りを持っていますよね？　お気に入りを持っていたり囲まれていると、快適でそれに満足し、皆さんに「心地よさ」を提供してくれます。

お気に入りはベンチマーク

　そして、これら「お気に入り」たちは、常に皆さんの判断基準になっています。「これより使いやすい」「ここよりおいしい」「これより運転しやすい」などなど、お気に入りが基準線になり、それより良ければ今度はそれが次のお気に入りになる可能性があり、超えられなければ「やっぱりこれが一番」となります。皆さんの生活、もっというと人生は「お気に入り」を中心に回っていると言っても過言ではありません。

お気に入りを持つと違いに敏感になる

　お気に入りを手にすると、その心地よさを継続して感じたくなり、何度も繰り返し心地よさを体感しようとします。いわゆる「ヘビロテ」に入ります。「繰り返しが安心を生む」ことはコラム10「繰り返しは安心を生む」でもご紹介しました。そうして繰り返し心地よさを享受していると、それが「当たり前」の状態になり何かいつもと違うことがあると身体が敏感に反応します。「違和感」というやつですね。その小さな違和感の正体が分からないと「なんか気持ち悪い」状態となり心が落ち着きません。すると、すぐさま「問題解決」が始まります。そうして「違和感」の正体が分かり、それが許容できなければ、直ちに「排除・修正・交換」などの対処をし現状復帰を図ります。一方、それが許容できれば、その違和感を受け入れ次回以降の判断の際の「公差」となります。いったん公差として受け入れると、次回からは違和感を覚えなくなります。引き続き違和感を覚える場合は、改めて「受け入れられない」側に分類され、現状復帰プロセスが起動します。

お気に入りは5M管理

そして、この公差＝許容範囲の対象は、冒頭に出てきた「人」「食べ物」「乗り物」「作り方・教え方」「場所」「季節」など多岐に渡りますが、よーく眺めてみると、あるキーワードでまとめることができます。そう「5M」です。実はわれわれは「Man（人）」「Material（材料）」「Machine（設備）」「Method（方法）」「Mother Nature（環境）」のそれぞれ許容可能な範囲を無意識のうちに管理しているのです。驚くべき管理スキルですね。

お気に入りはMSAで維持される

このように、われわれは自ら「お気に入り」の許容できる範囲を修正しながら、自身の判断基準を維持管理しています。自分の「好き嫌い」を理解し、できるだけ「嫌いなもの」を選択しなくて済むように準備をしているのです。これも、われわれ人間のリスク回避戦略のひとつなんですね。そしてこれらは、それぞれに特定の条件が影響しあって運用されていきます。たとえば、「同じお店、同じメニューでも、このシェフの料理が好き」とか「同じ場所でも秋の夕暮れ時が好き」というように、ある程度条件を絞った中での公差（バラツキ）を持っています。これはまさにMSA（Measurement Analysis System）の考え方そのものです。われわれの「お気に入り管理システム」はMSAによって維持されているのです。

違いが分かる大人

このように、われわれはお気に入りを持つことにより、敏感に違いを感じることができるようになります。違いが分かることは、いつもと違う「異常」に気づける力を持ち、リスクを未然に防ぐことを可能にしてくれます。「違いが分かる大人」というとなんだか敷居が高そうですが、「ベンチマークとなる『お気に入り』を持つことができればいいんだ」と思うと、意外と自分たちでも「違いが分かる大人」になれそうじゃないですか？　ただし、持っているだけではなく世の中の変化に合わせて「お気に入り」も常にアップデートしていかないと、違いには敏感になれないかもしれませんが……。アップデートを怠り「現状維持」を続けることは、変化・違いに鈍感な、リスクに気づけない「違いの分からない大人」を作ってしまうかもしれません。

まとめ

人間は好き嫌いで動く感情の動物であり、「システムは苦手」と勝手に思い込んでしまっていますが、実は好き嫌いの感情の裏で「お気に入り」による「意思決定システム」が運用・維持管理されていたのですね。そう思うと、ちょっと面倒な「品質マネジメントシステム」も少し身近に感じられるかもしれません。ちょっと無理やり過ぎますか？　そうですね。もうちょっと皆さんが「なるほど！」と、納得できる説明ができるように自分自身も「違いが分かる大人」になってから出直してきます。

48｜Failure modeの“mode”って何だ？

今回のコラムのテーマは、「Failure modeの“mode”って何だ？」です。ご存じ、FMEA（Failure Mode and Effect Analysis）のFailure modeです。皆さん、この「モード」、どう理解していますか？　ちょっと分かりにくいですよね。今回はこの「モード」について考えてみたいと思います。

なぜカタカナで「モード」なんだ？

自動車業界に籍を置き、製品開発に携われば避けては通れないのが「FMEA」です。日本語にすると「故障モード影響解析」です。和訳しても「モード」と、カタカナで書かれています。多くの外来語が日本語に翻訳されていますが、日本語にピッタリの言葉がない場合、外来語は誤解を避けるためカタカナで表記されます。品質マネジメントシステムなどもそうですね。「マネジメント」をピッタリ表す日本語がないので、そのままカタカナで表現されています。じゃあ、一体全体この「モード」って何なのでしょう？

「モード」って何だ？

「『故障モード』は『故障モード』だよ」そう言うしかない環境で過ごしてきた技術者の方も多いのではないでしょうか？　このなんとも表現しきれない「モード」のおかげで、FMEAがうまくできていない組織がたくさん生まれている気がしてなりません。この「モード」を、意味ある日本語に変換しないことには、FMEA自体が本来の意味を失い、多大な労力を消費するただのコピペ文書になってしまいます。

7 step FMEAの登場

FMEAは、ワークシートで構成されています。そして、記入する欄がたくさんあり、それだけで技術者をゲンナリさせてしまいます。初めてFMEAのワークシートと向き合った技術者は絶望しか感じないでしょう。私も長年苦しんできました。そして、そんな状況が続く中、数年前にFMEAに大改革が起きました。そう、「7 step FMEA」の登場です。分厚いガイドブックが発行され、皆さんますますゲンナリされたことでしょう。しかし、この「7 step」の登場が「モード」の謎を解き明かしてくれました。

ポイントはFailure mode and effect analysisの「and」だった

それは、この「7 step」の中で、分析する対象の「Failure＝故障」を「cause-mode-effect」の3つの領域に定義したことによります。なんと、「原因」と「影響」の間に「モード」が挟まれたのです。これにより、今まで思っていたFMEAが「『Failure mode』and『effect analysis』」ではなくて、「Failure『mode and effect』analysis」だったのだ、ということが分かりました。名称が日本語にされる時に「and」が消えてしまったので、「モード影響解析」って何だ？　と、意味不明になってしまっていたのですね。なので、正確にはFMEAは「故障モード」と「故障影響」の解析をしたかったのです。

「モード」は「条件」

こうして、改めて「Failure cause」「Failure mode」「Failure effect」と定義し直してくれたおかげで、「故障の原因」と「故障モード」と「故障の影響」と、時系列で考えることができるようになりました。するとそれよって、ずっと正体が分からず悩んでいた「モード」が「条件」と読み替えることができたのです。そう、「モード」は「条件」だったのです。確かに、「原因」があってもそれによって100％事故が起きるわけでもないし、「条件」によっては小さい事故で済むこともあるし、大事故になってしまうこともあります。このように「条件」を場合分けし、それぞれの「影響」を想定することで、どのような「条件」を発生させなければ良いのか？　はたまたその「条件」に合致しても、被害を最小限にするにはどうしたら良いのか？　と論理的に考えることができるようになります。

「条件」が見つかれば、リスクを過小評価せずに済む

このように「モード」を「条件」に読み替え、「原因」と「影響」を解析すれば、リスク低減策も考えやすくなります。今までは「モード」がよく分からないために、ワークシート上でリスクが正しく見積もられず、「影響なし」や「検査で確認」などの、リスクの「過小評価」や問題解決の「先送り」といった、ワークシートを埋めるためのコメントが生まれてしまっていましたが、「原因」に対する「条件」の場合分けをすることで、「影響」を最小化するための「対策」を絞り込むことができ、限られたリソースの「選択と集中」ができるようになります。そうして考えられた「リスク回避対策」はワークシートのAction欄に自信を持って記載することができ、安全設計が実施された証拠となります。

FMEAはワークシートではなくプロセス

このように、改めてFMEAを見つめ直してみると、故障の「原因」「条件」「影響」を洗い出していくことで、必要な対策の場合分けを行い「どこにリソースを集中させるのか」という、設計計画の重要なインプットになることが分かります。そうして、設計の優先順位づけを行い、「計画した対策」と「実行した対策の結果」を比較し、想定通りの安全設計ができていることが確認され結果がワークシートに記録されれば、この記録が安全設計の証拠となり、次の設計のベースラインとなります。そう、FMEAはただのワークシートではなく、設計の入口から出口をデザインする「プロセス」なのです。

まとめ

いかがでしたでしょうか？　正体不明の「モード」が、「条件」という

意味をまとった言葉に置き換わることで、今まで機能不全を起こしていたFMEAが、設計プロセスのど真ん中に降りてくることが可能となりました。マンホールのふたが開いているだけでは直ちに事故にはなりません、事故が発生するためにはさまざまな「条件」が必要です。その「条件」ごとに被害の「影響」を考え、許容できる程度まで被害を軽減することが設計者には求められています。「ふたが開いていてもまず人が落ちる心配はない」というのはFMEAではありません。今一度、お手元にあるFMEAを見直してみてください。「原因」「条件」「影響」の組み合わせが、あなたの見える世界を一新してくれるかもしれません。

注)「モード＝条件」は私、市岡が主張しているだけで、AIAGなどの公式機関が使用している日本語訳ではありません。

49｜本当に困ってたらとっくに解決してる

今回のコラムのテーマは、「本当に困ってたらとっくに解決してる」です。「そんなワケない！　今、本当に困りごとがあるのにその解決策が見つからなくて困っているんだぞ！」という方もいらっしゃるでしょう。それは確かに本当なのでしょう。「解決したい課題があり、解決策が見つからず対策が取れずにいる」わけです。でも、それって本当に「困って」いますか？　今の「対策が取れない状況」を許容してしまっていませんか？

「困った困った」は、本当は困っていない

われわれはよく「困ったなー」という言葉を発します。意図した通りに「こと」が進まず、打開策が見つからない時にこの言葉を発します。

確かに「困った」状況です。でも、「困ったなー」と言いながらも別のことをしていたりします。つまり、「本当は意図した状況にしたいけれど、そうなっていない今もまあ許容できる」状況なのです。さらに「困った、困った」と言っている間は、それを解決する方法を考えていません。「困った、どうしよう？」は考えていない証拠なのです。

「考える」と「悩む」は違う

「困った、困った」の状況は、考えているのではなく「悩んで」いる状態です。「悩む」とは、今の状況についてこれまでの経過や具体性のない未来について、あれこれ思うことです。解決するための方策を考えてはいません。解決するための方策を「考えて」いる時は、「困った」という言葉は出てきません。さまざまな選択肢を思い描き、どの選択肢が一番成功の確率が高いのかシミュレーションをし、決断をするプロセスが起動しています。

人間は本当に困ったらどんな形ででもすぐに解決する

つまり、われわれが普段口にしている「困った」という言葉は、言葉でこそ「困った」なのですが、実は本当に「困って」いるわけではないのです。人間は本当に「困った」ら、そう思った瞬間にどんな形ででも困りごとを解決してしまっています。それがたとえ本来の「意図した結果」でなくても、違う形で解決してしまっているのです。なぜなら、その「困った」状態を放置した瞬間、自分に降りかかる脅威が現実になる可能性が高まるからです。人間のリスク回避能力は凄まじく高いのです。

結局「困った」と口に出すことで別の困りごとを解決している

では、なぜわれわれは「困った」と口に出すのでしょう？　それは、困りごとを解決できなかったことを「正当化」するためです。われわれ人間は、そもそもプライドが高い生き物なので、失敗したり問題が解決できないと簡単に傷つきます。問題が解決できないと、今度は「自分が傷つく」というリスクが生まれます。このリスクから自身を守るために「困った」と言って、問題が解決できていない現状を「正当化」し、自分を救います。つまり、問題が解決できなかったことにより生じた、「自分が傷つくかもしれないリスク」を回避しようとしているのです。

人生は問題解決の連続

なんだか「卵が先か鶏が先か」みたいな話になってきてしまいました。いろいろ書いてきましたが、結局は人間は常に「何らかの形で」問題を解決しており、「高い問題解決能力を有している」ということなのです。なのに、仕事で生じる「問題」は上手に解決ができません。それは、問題解決の優先順位が違うからです。われわれの優先順位は常に「自分」です。なのでこの優先順位が変えられれば、この高い問題解決能力を自分のこと以外にも活用することができます。

どうすれば自分のこと以外の問題が解決できる？

そのためには、問題解決の目的を「自分のため」から「他の誰かのため」に変換すれば良いのですが、これがなかなか手強くてそう簡単な話ではありません。このあたりの話についてはまた別の機会でお話ししたいと思います。

まとめ

皆さんも、改めてご自身の行動を振り返ってみてください。「困ったなー」と思った時と、そう思わない時がきっとあるはずです。困らなかった時は、ご自身の問題解決能力が発揮され、あっという間に問題が解決されています。逆に「困ったなー」と思った時は、実は本当は困っていません。そんな時は、その「困ったなー」の先にある具体的な「被害」を思い浮かべてみてください。きっと、「これから自分に降りかかってくるかもしれない被害」が思い浮かんだその瞬間に、もう問題解決のアクションが取られているはずです。われわれの持つ問題解決能力は「電光石火」の早業なのです。

50｜心配ごとが生まれたらFMEAが始まっている

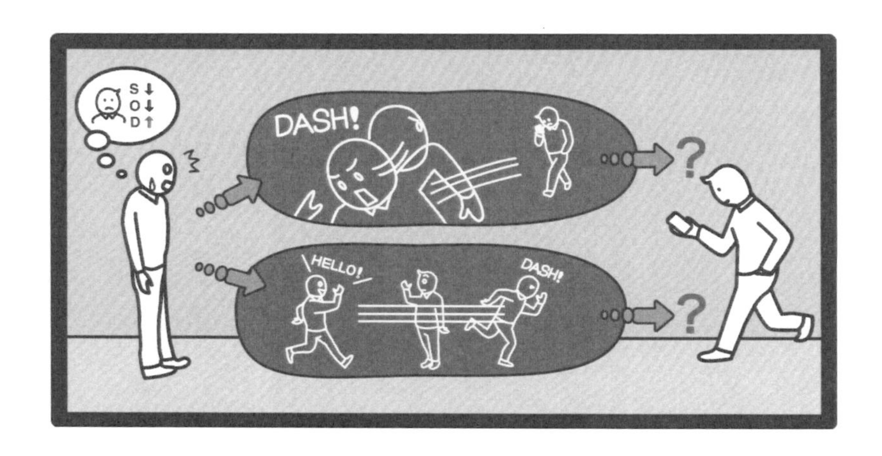

今回のコラムのテーマは、「心配ごとが生まれたらFMEAが始まっている」です。前回のコラム「本当に困ってたらとっくに解決してる」でもお伝えした通り、われわれは自分に対するリスクが顕在化すると、直ちにそれを解決しようとします。その時、頭の中では素早くFMEAが起動しています。今回はそのメカニズムについて考えてみたいと思います。

FMEAが苦手な人はいない

これまで何度もお伝えしてきた通り、われわれにはそもそも「異常察知」能力と「リスク回避」能力が備わっています。いつでもどんな時でも敏感に異常を察知し、察知した異常を素早く評価します。その異常が、自分にとって好ましくない影響を与える可能性があると評価されると、直ちにその「リスク」を回避もしくは排除する方策を取ります。完全にリスク源を消し去れればいいですが、それができない場合は、遭遇する確率を減らしたり、影響を最小化する方策を考え、実行します。

瞬時の判断でリスクを低減する

たとえば、廊下を歩いていたら前方からちょっと苦手な人が歩いてきたとします。会うたびにいちいち気に障ることを言われるので、できれば口も利きたくない相手です。このままではその人と正面から出会うことになってしまいます。そんな時、皆さんならどうしますか？　相手の行動はコントロールすることはできないので、自分から向きを変えて離れ、接触の確率を低減しようとするか、それができないならば顔を伏せて気づかれないように通り過ぎ、若干の接触確率を下げようとするかもしれません。でも、向こうに気づかれて声をかけられたら「なぜ避けた？」などと聞かれかえって面倒です。ならば、こちらからにこやかに「こんにちはー」と、あえてコミュニケーションを取ってしまうことで、別のコミュニケーションの可能性を排除する、などなど。いくつか取れる策があります。そうして、無事すれ違った後で「早めに気づけて良かった」と胸をなでおろすのです。

SODが判断基準

これら行動の選択基準は、相手に接触した時の被害（Severity）、接触の確率（Occurrence）、接触機会の検出（Detection）の組み合わせによって構成されています。一番は、相手に出会わないのが安心安全なのですが、それが不可避な場合は、出会う確率を極力減らし、出会うかもしれない可能性のあるところでは周りを見渡し、万が一出会ってしまってもなるべく被る被害を最小化しようと試みます。当に、FMEAの「Potential failure」に対し、SODを評価しリスクを低減しているのです。

FMEAは実はすごい身近

このように、われわれはいつでもどこでも、自分の身がリスクにさらされるとFMEAを起動し、リスク回避を行っています。そうして、取った行動に対してうまくいった時も失敗した時も、その結果をしっかり記憶し次の機会に活かそうとします。うまくいったら再現性を、失敗したら再発防止を図ります。実は、われわれはみんなFMEAのエキスパートなのです。

なぜ組織にFMEAが根付かないのか

なのになぜ、組織にFMEAが根付かないのでしょう？　問題は繰り返し起こり、FMEAは後回しにされ、過去の教訓も活かされない。これにはやはりいくつかの要素があります。「FMEAの目的ややり方がよく分からない」「ワークシートに書くことが多すぎて面倒くさい」そもそも「Failure modeって何だ？」などなど。得体の知れないものには人間の「リスク回避能力」が最大限発揮され、「近寄らない」ことが最善策として敬遠されてしまうのです。つまり、検出した「FMEAというリスク」に対するFMEAの結果、「やらない」という判断が下され後回しにされてしまうのです。さらに、FMEAのように「起こるかどうか分からない未来を予測する」という「答えのない」活動に不安を感じ、遠ざけようとしてしまうのです。開発が終わり、起こるべきことが全て起こってからFMEAに取り掛かり、答えが分かってから「問題なし」と書けば安心なのです。ここでも、「将来の被害」よりも「今の安心」を取りにいってしまっているのです。

まとめ

このように、われわれはFMEAを上手に行う能力を持っているにも関わらず、その能力を製品開発や組織運営に使わずに、自分のリスク回避のために使ってしまっています。せっかくの能力がもったいないですね。今回のコラムをお読み頂き、「自分たちはFMEAが得意なんだ！」と自信を持って、前々回でお話しした「Failure mode」の「mode」を「条件」に読み替え、改めてFMEAに取り組んでみてください。きっと、「ちゃんとFMEAができた」という「今の安心」と、「将来の不具合の予防」の両方が手に入るはずです。

51 | 未然防止は評価されない？

今回のコラムのテーマは、「未然防止は評価されない？」です。ここ数回のコラムでFMEAについてお話をしてきました。FMEAの目的は「未然防止」です。問題が起きる前に対策を打ち問題と未然に防ぐ、という素晴らしい取り組みです。でも、それは本当に効果を発揮しているのでしょうか？

起きなかった未来はただの妄想？

FMEAは、潜在的なFailure＝故障の「原因」「条件」「影響」を解析し、許容可能なレベルまでリスクを低減する取り組みです。「その時点で考え得る範囲」が、取り組みの対象です。そして、それはあくまでも「予測」の域を超えません。打った対策が本当に効果があったかどうかは、実際に故障が起きてみるまで分からないのです。つまり、故障が発生して初めて「ダメだった」ということが分かります。故障しなかったら、「きっと効果があったのだろう」としか言いようがありません。「効果があった」という証拠がないからです。「いや、故障してないじゃん」と言っても、「この後、故障するかもしれないじゃん」と言われてしまいます。想像したリスクは実際に起きなかった以上、ただの「妄想」だったのかもしれません。

成果は闇の中

未然防止は、それが成功したかどうかは予測でしか判断できません。実際の故障のように、件数をカウントできないからです。そうすると、お金や手間暇かけて取った対策が本当に効果があったのか、測りようがありません。ここが未然防止活動の評価の難しいところです。「僕は未然防止を10件やりました」と言っても、実際に故障が発生していないのでその効果を具体的には測れません。言えるのは、「現時点までは故障が起きていない」ということだけで、本当に効果があったかどうかは分からないのです。

警察は事後処理戦略

たとえば、交通違反の検挙率を考えてみましょう。皆さんも今まで何度かは交通違反をして反則切符を切られたことがありますよね？　そうしていつも思います、「違反する前に注意喚起してくれればいいのに」と。でも、違反する前だと「一時停止するつもりだった」とか「ちゃんと駐車場に停めるつもりだった」などの言い逃れを生む可能性もあります。仮に注意喚起したことで罰則金の支払いを命じられても、「未然」なので絶対拒否しますよね。なので、「現行犯」を捕まえることを検挙数＝KPI

として交通法規遵守に対する啓蒙活動の効果を評価していると考えることができます。

未然に防いじゃったら分からない

つまり、未然に防いでしまったら成果を測れなくなってしまうのです。効果があったのかなかったのか、数値化しにくい評価基準よりも、実際に発生した件数を数えたほうがみんなが納得できるのです（反則切符に納得している人はほぼいないと思いますが、それはまた別の話ですね）。でも、少し考えたら未然に防いだ成果を評価できる方法、いくらでもあると思うんですけどね。とにもかくにも、未然防止はその取り組みの成果が「事実」と認定しにくい、という点が評価を難しくしているのかも知れません。

人は事実しか受け入れない？

われわれは、自分の失敗をいくら口頭で指摘されても、なかなか受け入れません。ありとあらゆる物や人のせいにして「責任回避」をしようとします。しかし、失敗に関連する「事実」を示されると、受け入れざるを得なくなります。基本、他人の「意見」は受け入れず、「事実」のみを受け入れます。しかし、自分にとって都合の悪い「事実」はたとえ「事実」であっても受け入れません。未然防止という「意見」も受け入れず、失敗という「事実」も受け入れず、いったい人間は何なら受け入れるのでしょう？　まあ、自分に都合の良いものなら「意見」も「事実」も嬉々として受け入れると思いますが。

成果の見える化が未然防止の価値を落としたのか？

品質を始め各種マネジメントシステムでは、その取り組みの有効性や効率を評価するために、数値化された監視指標の導入を要求しています。しかしこれが、数えやすい「事後検出指標」を生み、成果絶対主義と相まって「見えない成果」が置いてきぼりになってしまい、未然防止活動の優先度が下がってしまっている要因なのではないでしょうか？　よく、「本当に仕事ができる人は、未然に問題を潰してしまっているので、側から見ると仕事をしていないように見える」といいますが、「本当に仕事をしていない人」との見分けは難しいのかもしれません。実は、仕事をしていない人は「仕事をしないことで、問題を作り出していない」という「未然防止」をしているのかもしれません。

まとめ

あれこれ書きましたが、結局のところ「問題が発生しない・させない」ことが、われわれの目標です。「未然防止」はその評価が難しいですが、「再発防止」は過去の「事実」と比較ができるので評価が可能です。「未然防止」はなかなかの高等スキルですが、「再発防止」は自分たちの努力で達成できそうです。まずは、こちらに注力してみるのはどうでしょうか？　「再発防止」ができれば、現場はかなり楽になりますよね。

52 | 顧客はサプライヤーを信用していない

今回のコラムのテーマは、「顧客はサプライヤーを信用していない」です。顧客がサプライヤーを信用していなければ、ビジネスは成り立ちません。ビジネスはお互いの信頼関係があって始めて成立します。サプライヤーがいなければ、顧客は最終的なモノやサービスが消費者に提供できなくなり困ります。しかし、われわれサプライヤーは「やらかし」続けます。そんな「信用ならない」サプライヤーを管理するために、顧客も考えます。いろいろと……。

サプライヤーは何でも「できる」と答える

ビジネスを獲得するために、サプライヤーは今までやったことがないことや、作ったことがない物でも「できます」と答えます。「できない」

といったら仕事がもらえないからです。わざわざ自分から「できない」と言って機会を失うようなことはしません。とにかく、話をもらったら迷うことなく「できます」と答えます。本当にできるかできないかは「後で考えれば良い」し「後で何とでもなる」と思っているからです。

サプライヤーの「できます」は「約束」ではなく「努力宣言」

頼んだ顧客側もこれまで何度も被害を受けてきているので、サプライヤーの「できます」をうのみにはしていません。過去に「できる」と言うサプライヤーに仕事を頼んで、納期ギリギリになって「やっぱりできません」と言い出され困った経験が何度もあるからです。サプライヤーの言う「できます」は、「確実に達成します」という「約束」ではなく、「できる限りご要望を実現できるように、できる範囲で努力します」という努力宣言に過ぎません。

口でいうのは簡単

そう答えられたら、皆さんならどうやって本当に「できる」ことを確認しますか？　実際にモノができてくるまで待ちますか？　待てないですよね。ならば、まず「計画」を見て本当にできそうか「実現可能性」を確かめますよね？　そこで、設計を開始してから無事製品を納入するまでの全体計画を提出するよう求めます。これが「APQP」ですね。ところが、コラム19「計画するのが大嫌い」でもお話ししたとおり、われわれは計画を立てるのが苦手なので、なかなか計画も出てきません。出てきても、見事にこちらの要求に間に合うようになっている計画です。これって本当でしょうか？

証拠を耳揃えて持ってこい

ならば、それらが本当であることを知るためには、他のさまざまな証拠を見て、計画の「妥当性」を評価しなければなりません。「机上の空論」が、実際に実現された結果を見なければ、納得もできないし安心もできません。そこで、「納得」し「安心」できるために必要な証拠をリストアップし。それら証拠をまとめて提出してもらいその中身が許容できるものであれば、生産準備が整ったものとして受け入れることにしたのが「PPAP」ですね。サプライヤーを信用するためには、「口＝意見」ではなく「結果＝事実」を確認しないことには「納得」も「安心」もできません。

頭の中を見せられても理解できない

そんなPPAPですが、ただ「これとこれとこれを持ってこい」と言っても、サプライヤーは1社だけではありません。そして、彼らは自由な集団です。「あれはここに書いてあります」「これはあそこに書いてあります」と三者三様に言われても、サプライヤーごとに情報の記載場所が異なっていたら、情報が足りているのか？　内容は許容できるのか？　等を確認するのに手間取ってしまいます。他人の頭の中をいくら見える化されても、簡単には理解できません。そこで、情報を要求する側で記載テンプレートを準備し、そこに各自情報を記入していくよう求めたのです。これが「帳票類」ですね。サプライヤー側からしてみたら、顧客ごとに体裁が違っていて書き分けるのが面倒、と思いますが、何十社、何百社を相手にしている顧客からしてみたら、何百通りの文書を読み解くことは不可能な作業です。見慣れた文書ならどこにどんな情報が記載されているのかもすぐに分かるし、足りない情報があればそれらにもすぐに気づけます。

信用を獲得する機会は与えられている

われわれは自分の利益を優先する生き物なので、相手に信用してもらいたい時でさえも、自分の都合を優先してしまいます。自分が説明したい時に、したい方法で、説明の機会が与えられることを望みますが、まずそれはかないません。なので、相手から提供された機会に、相手が望む方法で、説明を行い「信用」を得る他ありません。それは「PPAP」だったり、「監査」の場かもしれません。機会をどう使うかは、われわれに委ねられています。

まとめ

いかがだったでしょうか？　いろいろ文書を作らなくてはならず、面倒くさい「PPAP」も、あれこれ聞かれたくないことを聞かれる「監査」も、自分たちを「信用」してもらえるようになる絶好の「機会」です。「相手との信頼関係が築けずに苦労している」という方は、実は「相手が自分の言うことを聞いてくれない」のではなく、「相手が提供してくれた、聞いてくれる機会を自分が活かしてない」だけなのかもしれません。「Me first」から「Customer first」に、しっかり意識を切り替えないとなりませんね。

53 ｜サプライヤーは平均の話をし、顧客はバラつきの話をする

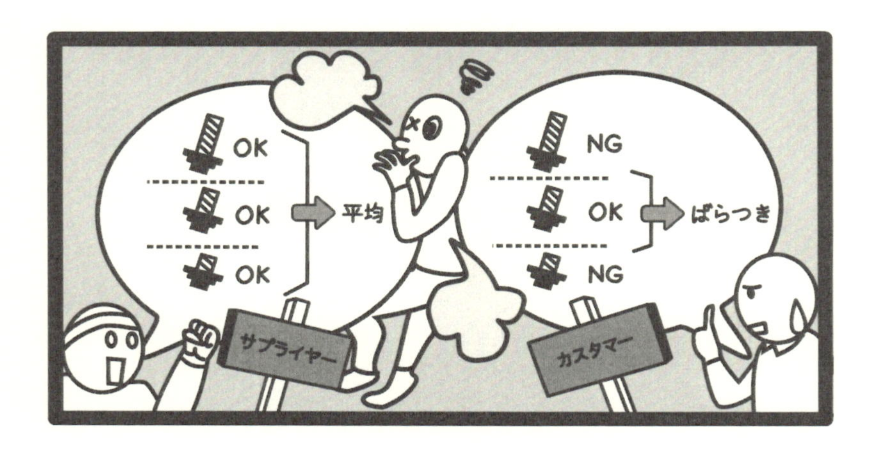

今回のコラムのテーマは、「サプライヤーは平均の話をし、顧客はバラつきの話をする」です。「何の話？」という感じのテーマですが、前回のコラム52「顧客はサプライヤーを信用していない」ことを如実に表すお話です。では、今回も考えていきましょう。

製品の品質を保証するためには試験が不可欠

開発された製品が出荷可能と判断されるためには、いくつもの確認試験が必要です。試験の結果が「たまたま」ではないことを保証するためには、「繰り返し」や「複数」の検体を使い、それらが全て許容範囲内に収まっていることを示す必要があります。そうして得られた結果を、顧

客・サプライヤーの両者で確認し、合意し、合格として初めて出荷が可能となります。量産が始まると、おおむね送り手であるサプライヤーの検査結果によってその品質が保証されるので、量産開始前の両者による試験による結果の「確認・合意」は大変重要です。

「バラツキ」を知りたい顧客

この量産開始前の試験では、当然まだ製品は安定化していませんので、個体ごとの誤差が必ず発生します。また、初めて採用される試験だった場合には、作業者自体もその作業に不慣れで、やはり誤差が生じます。いわゆる4M（Man, Machine, Material, Method）がバラつきます。なので、当然顧客は今後の量産品の品質の安定度を測るためにも、4Mのそれぞれが現時点でどの程度バラついているのか知りたいと思います。どの程度決められた公差の上下限に近いのかも知っておき、必要であればさらなる検証をしたいと考えます。

「平均」で納得させたいサプライヤー

一方サプライヤーのほうは、できるだけこれ以上余計な検証作業を増やしたくありません。なぜなら、工数うんぬんよりも自分たち自身がバラつきの原因も要因もつかめていないからです。あれこれ聞かれることに対して答えることができない自分たちを守るために、「平均値」の話をして「おおむね大丈夫です」と話を一般化し、不要な心配を排除して相手を納得させようとします。

どっちも「安心」を取りにいっている

このように両者の視点が異なるのは、それぞれが自分たちの「安心」を取りにいっているからなのです。ただ、両者間で根本的に違うのは、顧客が「将来の安心」のために「今の不安を潰そうとしている」のに対し、サプライヤーは「今の安心」のために「将来の不安を見えなくする・先送りしようとしている」点です。圧倒的に顧客側が正しいですが、モノやサービスを「渡す側」と「渡される側」とでは、自然に生まれるモチベーションやニーズが異なるので、話がかみ合うことはまずありません。

「ワケあり品」を救いたいサプライヤーと「ワケあり品」を排除したい顧客

結局のところ、サプライヤーは「ワケあり品」も全体の中に含め、「薄めて」目立たなくして合格品として出荷したいので「平均値」の話をし、顧客は「ワケあり品」を排除して、「粒を揃えて」安定化させたいので「バラつき」の話をします。違う視点で見ると、サプライヤーは「効率」の話をし、顧客は「品質」の話をしているのです。同じ「作り出したものの安定性」という「再現性」の話をしているようで、目指しているところが全然違うわけです。

お互い妥協点は見つかるのか？

「効率」と「品質」は違う次元のお話ですが、常に背中合わせの存在であり、切っても切れない関係です。しかしながら、「品質」を妥協することはできませんので、「効率」側に妥協してもらわないとなりません。とはいえ、「品質」を追い求めるがために過大なコストがかかり、赤字続きで「倒産」となってしまってはサプライヤー側も仕事を依頼する側の顧客もお互いに困るので、そこに「経済合理性」という概念が生まれます。

品質マネジメントシステムは「経済合理性」を追求するために生まれた

ISO 9001はQA規格と呼ばれ、IATF 16949はQMS規格と呼ばれています。その違いが「経済合理性」です。QA規格は、Quality Assuranceですので「品質」を確実にするための要求事項の集合体です。一方、QMS規格は、品質マネジメントシステムです。IATFは、「不具合を予防し」「ばらつき及び無駄の削減を目指す」ことを目標に掲げています。つまり、できる限りバラつきを削減しムダをなくすことで、サプライヤーにも「メリット＝経済合理性」をもたらすことを目標としています。「どこまでやるか」をツールや数値を使い合理的に導き出すことで、顧客も「納得」した上で「品質」と「効率」のバランスを取ろうとしているのです。

まとめ

いかがでしょうか？ 「品質」を妥協できない顧客と、「効率」も追い求めたいサプライヤーが、お互いに「納得」できる「合意点」を導き出すシステムが「品質マネジメントシステム」なのです。かつて、品質マニュアルだけで妥協なき「QA」を要求していた顧客が、日本の場合非公式とはいえ「QMS」を要求しているということは、顧客が「両者共存・両者繁栄」を求めているのだ、ということがお分かり頂けると思います。皆さん、あまりお好きではないかもしれませんが、実は意外と話が分かるヤツかもしれませんよ、IATFって。一度、じっくり向き合ってみてはいかがですか？

8

第8章　その問題、解決できます

◉

問題解決がうまく行かないのはわれわれ自身がうまく行かないようにしてしまっているからなのです。自分たちのことをよく知り、特徴や特性をうまく利用すれば問題解決は必ずうまく行きます。それには少しのコツと少しの努力が必要です。

54｜やる気スイッチはどこにある？

今回のコラムのテーマは、「やる気スイッチはどこにある？」です。コラム46「体重計乗るだけダイエットはなぜ乗るだけで痩せる？」では、傾向が見える化されると続きを作り出したくなり自ら行動を継続させる、というお話をしました。しかし、一方でそれには「助走期間」が必要だ、ということもお話ししました。今回は、そもそもこれらの行動を生み出す「やる気スイッチ」がどこにあるのか？　について考えてみたいと思います。

活動を開始するには「きっかけ」が必要

どんな活動も、やり始めるまでが一番大変といいます。人間は、基本面倒くさがりかつ現状維持を好むので、今の状態から変化を起こし、いつもとは違う活動を始めることを本能的に避けようとします。なので、その壁を越えるには「きっかけ」が必要です。この「きっかけ」＝「動機づけ」にはさまざまな選択肢があります。比較的効果が高いのは、第三者からの働きかけです。これは、家族、友人、先生、上司、コーチなどなど、さまざまなケースがあります。一方で、この動機づけを「自ら」生む場合はどうでしょう？　何か目的があれば、その目的に「引っ張られる」もしくは「背中を押されて」比較的抵抗なく始められます。その目的が「褒められたい」とか「好きなことやもの」だと、抵抗どころか嬉々として始められます。

「こころ」と「からだ」はつながっている

では、「やりたくないこと」だとどうでしょう？　これはなかなかハードルが高いですね。「やる理由」を見つけないとなかなか重い腰が上がりません。「やらない理由」ならいくらでも思いつくのに「やる理由」はなかなか見つかりません。皆さんならどうしますか？　なかなかすぐに答えは見つかりそうもありませんよね。このように「やらない理由」を考えてしまう場合は、まず開始できません。なぜならこれは「『こころ』を動かしてから『からだ』を動かすプロセス」を取ろうとしているからです。どんなに精神修行を繰り返したとしても、やはり自分の「こころ」には勝てません。

どんな面倒くさいことも5分我慢して続ければ、スイッチが入る

ならば、その逆のプロセスを取ればいいのです。とにかく「からだ」を動かせば、その後から「こころ」がついてきます。どんなに面倒と思っていることでも、始めて5分も経てば頭がそれが「定常状態」と判断し継続する意欲が生まれてきます。これは、よほど「絶対やりたくない」と

いう強靭な意志がない限りは、ほぼほぼ成功します。「せっかく始めたから」という「もったいない」心理も働き、活動は継続されます。人間って面白いですね。

始めてしまえばコンプしたくなる

こうして一度行動を始めてしまえば、今度は「最後までやりたくなる」欲求が生まれます。最初に一個だけスタンプが押してあるスタンプカードをもらうと、全部埋めたくなってしまうのと同じです。なので、To Doリストなどは自分の活動をコントロールするのに非常に効果的なツールになります。リストを途中で止めるのは「気持ち悪い」ので、どんな形にせよ最後までやり切るためのモチベーションになります。ただし、このモチベーションは「量的」完了に対して働くので、「質的」完了を目指すのであれば、「質」を高めるための第二ラウンドを設定するなどのもうひと工夫が必要です。

褒められればやる気満タン！

そして、もうひとつ強力な動機づけが、「褒めてもらう」ことです。嫌々ながらも「こころ」と「からだ」の順序を入れ替えて、なんとかやる気を絞り出し、ようやくやり終えたことに対して「よくやったね」とか「えらいね」などと声をかけてもらうと、それが「褒められて嬉しい」という成功体験として「こころ」と「からだ」に刻まれ、次からはこの再現性を得るために「自ら」活動を開始するようになります。ただし、この時点で動機は「褒められたい」なので、それを周りが「やって当たり前」と判断して褒めてあげないと、すぐにやらなくなってしまいます。面倒くさいですね（笑）。褒められなくても自発的に行動するようになるには、もうひと山ありそうです。

「ありがとう」は魔法の言葉

では、褒め続けられればやる気は継続するのでしょうか？　残念ながら、繰り返し褒めていると段々嘘くさくなってきて、褒められているほうもそれを疑いだし「嬉しい」気持ちは湧いてこなくなってしまいます。いったい何なのでしょう？　人間って。では、その先どうすれば良いのでしょう？　困りましたね。でも大丈夫です。そこで登場するのが、魔法の言葉「ありがとう」です。「ありがとう」は、活動の結果を評価していません。「良い」とも「悪い」とも言いません。でも、その行動に対して感謝の意を表しています。人間は、褒められるより感謝されるほうが嬉しく感じるようにできています。そして、この感謝の気持ち「ありがとう」は、何度伝えてもその効果が減ることはありません。この「感謝された」という成功体験が、「褒められた」の代わりにまた次の活動の動機づけになります。

究極は「好きでやっている」

とはいえ、「ありがとう」もそれを求めて活動を起こしているわけで、他発的であることに変わりはありません。「ありがとう」と言われなかったら活動を止めてしまうかもしれません。そう考えると目指す究極は、褒められなくても、感謝されなくても、「自分が好きでやっている」という自発的活動に到達する。ということかもしれません。とは言っても、その「自分が好きで」と一緒に、「利害関係者のニーズや期待」も満たされていないと、ただの「自己満足」になってしまいます。やはり、道のりは遠いですね。

まとめ

結局のところ、やる気スイッチは自分の「こころ」の中にしかないのかもしれません。ただ、スイッチを入れる方法はいくつかあるので、それを意識的に上手に使って結果につなげたいですね。まずは、何ごとも「やってみる」から始めてみるのが良さそうです。

55｜悩むことと考えること

今回のテーマは、「悩むことと考えること」です。第7章のコラム49「本当に困ってたらとっくに解決してる」でもお伝えしましたが、「悩むこと」と「考えること」は違います。そして、このそれぞれの思考を生んでいる状況は全く別のベクトルに向かっています。それぞれについて考えていきましょう。

「悩む」は現状維持

人が「悩んでいる」状態はどんな状態でしょう？「悩む」とは、今置かれている状況についてこれまでの経過や具体性のない未来についてあれこれ思うことです。この状態にいる人は、たとえ他人からアドバイスをもらったとしても、その意見を否定し受け入れようとしません。「悩みを聞いて欲しい」という人は答えを求めていません。今自分が思い悩んでいる出来事がきれいさっぱりなくなって欲しいと思っています。要は「現状維持」を図っているのです。他人が悩んでいる姿を見るのはあまり心地が良いものではありません。ましてやその悩みに関する利害関係者だった場合はなおさらです。悩んでいる姿を見て、ついにはイライラしてきて「もういい」と口走ってしまいます。そうなれば、悩んでいる人の思うツボです。「もういい」って言ってもらえたのなら、その時点でこの悩みは解決です。見事に「自ら何か行動を起こす必要がない」という「現状維持」が達成されました。

「考える」はゴール志向

一方で、「考えている」とはどんな状態でしょう？　どうすれば問題は解決できるのか、目的が達成できるのか、あの手この手を頭の中で思い描いています。「考えている」人が「相談に乗って欲しい」という時は、他人からの意見を取り入れ、そこを起点にアイデアが出てきます。他人からのインプットが刺激になり、新しいアウトプットが生まれるのです。同じインプットが、受け手側の思考によって「余計なお世話」にもなり「ありがたい助言」にもなるのです。プロセスは受け手優位で進むのです。

「悩む」ことは思考停止を生む

よく「俺だっていろいろ考えてるんだよ」というセリフを聞きます。この「自己正当化」「現状正当化」発言が出た時は、ほぼ100％「考えて」はいません。人が「考える」モードに入っている時は、自分の状態を他人に説明するアクションは生まれません。「無言」もしくは「独り言」が出る程度です。反対に「悩み」モードの時はわざと誰かに聞こえるような「大きな声での独り言」もしくは「他人への一方的な現状説明」が生まれます。基本、人間が会話以上の大きな声を出す時は「考える」ことは停止しています。つまり、悩めば悩むほど思考は停止するのです。

思考停止は脊髄反射を生む

人間は考えながら行動を選択する生き物です。しかし、考えることをやめてしまうと今度は反射で行動するようになります。反射は人間に組み込まれた、思考を経由しない行動です。より本能に近いところにあります。つまり「反射優位」になると本能である自分の「リスク回避」を優先した行動を無意識のうちに選択し実行します。これまでさんざんお話ししてきた「今」の自分のリスクを回避するために、未来のリスクを放置する行動を選択してしまいます。

変えられない「今」と、変えられる「未来」 どちらと戦うことを選ぶのか

「考える」ことは不確定な未来と向き合うことです。それは、この先の「失敗リスク」と戦うことでもあります。その勇気が持てれば、「考えた」先に「最適解」が待っていますが、その勇気が持てなければ代わりに「今」と戦わなければなりません。すでに起きてしまったことばかりの「今」を勝つためには、「現状正当化」をし続けなければなりません。これは防戦一方の、神経をすり減らす終わりのない戦いです。どう考えても選ぶべき選択肢はひとつしかないように思えます。

「悩む」ことこそが人間

しかし、それでも人間は「不確かさ」を恐れ、「予測可能な状態」を好みます。「失敗」の経験値を増やし、「脅威」を受け入れつつも「不確かさ」を含んだ「機会」をつかむことが、自己実現・成長につながるにも関わらず、「脅威」を真正面から受け止め、「失敗」の可能性を可能な限り

排除しようとし、「現状維持」を図ろうとします。その行動の現れが「悩む」ことなのです。

まとめ

いかがでしたでしょうか？ 「悩む」こと、それは「今」を生きる人間に課せられた宿命なのかもしれません。「悩み」から一分一秒でも早く解放されたい、そう思ってますます「悩み」を深めるのですね。一方で、「考える」方を選択すれば「悩み」からは解放されますが、「不確かさ」との戦いが生まれます。どっちも大変そうですね。でも、「不確かさ」との戦いには「戦い方」があります。「不確か」な分、苦労や苦難もありますが、それを乗り越えた先には「自己実現・成長」を実感できる「機会」が待ってます。あなたはどちらの選択肢を選びますか？

56｜インプットよりアウトプット

今回のコラムのテーマは、「インプットよりアウトプット」です。何かを学ぶ時、まず情報をインプットすることはとても重要です。インプット情報なしには何も始められません。インプット情報があって初めてプロセスは起動し、活動の結果としてアウトプットが生まれます。このように、何かを始めるのにインプットはとても重要です。しかし、物事を深く理解するためには、インプット以上にアウトプットが重要です。今回は、その理由を考えていきたいと思います。

インプット情報は抱えきれない

われわれは、子供の頃から学校でさまざまな分野の学問を学びます。その形態は基本「授業」です。情報の受け手に回って、耳から入ってくる言語情報や、黒板や教科書に書いてある文字などの視覚情報を次々とインプットしていきます。見て聞いたことを長期間記憶の中に留めておくことはできないので、リアルタイムでノートに記録していきます。これは、インプットされた情報を、自らの手を動かし文字や記号、図形などに変換していくので、アウトプットと定義できます。

ノートを取ることは記憶の定着にはならない

このように、学校の授業ではインプットとアウトプットの組み合わせで、得た情報を個人の保有財産に変換します。この時点では、ほとんどの人がまだすぐに忘れてしまう「短期記憶」の棚に情報が置かれた状態です。これら情報を「長期記憶」に移し替えるには、その後の作業が必要になります。みんなの嫌いな「復習」です。ノートを読み返し、もう一度整理してノートに情報を書き加えるなどの作業をして記憶を定着させます。が、この時のプロセスが実はあまり効率的ではありません。

記憶の定着率はアウトプットが断然有利

得られた情報の理解率には次のような序列があるそうです。

聞く	5％
読む	10％
書く	20％
それについて考える	40％
実際に体験する	50％
人に教える	70％

つまり、授業で聞いて読んでノートを取るだけでは、インプットされ

た情報の20％しか理解できていないことになります。家に帰って復習しても、この低い割合を繰り返しているだけなので、理解を深めるには相当の努力が必要です。声に出して読んで再度耳から情報を聞きながら自分で工夫して別のノートに情報を書き写すと、「考える」ことになるので、理解度が40％まで向上します。が、このあたりが限界でしょう。さらに深い理解を得るためには次の「実際に体験する」ことが必要です。これは、理科の実験や技術家庭の実習、体育などが当てはまります。では、その他の教科はどうしたらいいでしょう？　これらは「テスト」を受けることで、情報を利用する「体験」ができます。

情報は一度でも使うと「必要な情報」に分類される

インプットした後にその情報を利用して体験することで、その情報は自分にとって「必要な情報だ」と脳内で分類され、またいつでも使えるように短期記憶の棚から長期記憶の棚に移動されるそうです。逆に、使わないと要らない情報に分類され、次に入ってくる新しい情報のスペースを空けるため、短期記憶の棚から消去されてしまうそうです。なので、入手した情報は少しでも早く「使う」ことが大事になります。そして、その最も有効な「利用方法」が「人に教える」ことです。

人に教えると理解が一気に深まる

人に何かを教えようとすると、自分が説明しやすいように、かつ相手が理解しやすいように「言語化」しなければなりません。その際、伝える情報の背景や前後関係、影響度などをよく理解しておかないと正しく情報を伝えることができません。伝えた情報は伝えた相手にも利用してもらわないと価値が生まれません。そのために、一人で考えていた時以上にあれこれ考えることで、その情報に対する理解が一気に深まり、超重要な情報として記憶棚の一等地に保管されます。

アウトプットし続けると気づきが生まれる

このように、人に何かを教えるという行動は、記憶を定着させ理解を深めるために最も効果的かつ効率的な手段となります。そうして、体験や人に教えることを繰り返していると、ある日今まで思いもしなかったことに気づくことができます。これこそがアウトプットの醍醐味（だいごみ）です。「人に話を聞いてもらってたら解決策が思いついた」とか「ずっと練習していたら急にコツがつかめた」など、気づきの瞬間はアウトプット中にやってきます。

アウトプットは成長の場

学校や会社などでも、先輩が後輩の指導をすることは、人に教えながら実は自身の理解を深め成長する機会でもあるのです。「後輩の指導なんて面倒くさいしやりたくない」と思ったあなた、それは自身の成長の機会を捨てていることと同じです。皆さんが退屈だと思っている学校の授業で（思ってないですか？　笑）実は一番成長しているのは教壇に立っている先生なのかもしれません。

まとめ

記憶の定着や理解の深化はアウトプットによって達成されます。小さい子供たちが、今日あったことをつたない言葉で一生懸命両親や祖父母に伝えているのは、実は自分の記憶を定着させるための仕上げ作業なのかもしれません。われわれ大人も、アウトプットすることで知識も理解も深めることができます。説教や愚痴は、他人を使ったただのストレス解消ですが、知識・経験を伝えることは、自らの理解をさらに深め、新たな気づきを生む機会となります。周りの人たちだけでなく、自身の成長のためにもアウトプットを心がけたいですね。

57 | 言葉と体はつながっている

今回のコラムのテーマは「言葉と体はつながっている」です。え？「言葉」じゃなくて「心」じゃないの？　と思われた方も多いと思います。その通り、「心と体」はつながっています。それを前提に、今回は「思ったこと」を行動に移すためには何が必要なのか？　について考えていきたいと思います。

「頭の中」と「体」はつながっている？

気持ちがゆううつだとお腹が痛くなったり、頭痛がしたりします。逆に体の調子が悪いと気持ちも沈んでしまいます。確かに「心と体」はつながっているように思えます。今回考えるのは、このような「心と体」の「心」ではなく「頭の中で考えたこと」から「音」として出てくる「言葉」

についてです。頭の中で考えた＝「想像した」ことは、必ずしも「体」で表現できないですよね。頭の中でだけなら、誰でも一流のアスリートであり、ミュージシャンであり、クリエイターです。でも実際は……残念ながらそうではありませんね。

「思っている」だけでは達成できない

アスリートやミュージシャンは極端な例でしたが、たとえばあなたが次の週末、地元の草野球に出場することになっているとします。頭の中でだけならいつだってエースで4番です。野球じゃなくてサッカーなら毎回ハットトリックの大活躍です。でも、それって頭の中で「思っている」だけでは実際に達成できませんよね？　じゃあ頭の中のそれ、実現させるにはどうしたらいいですか？

「行動」しないと可能性はいつまで経っても「ゼロ」

「そんなの絶対無理」といって諦めますか？　確かにあまりに実現可能性の低い「想像」は「妄想」であって可能性の「か」の字もないかもしれません。でも、どんなことでも可能性を測るためにはベースラインが必要です。「現状」「現実」ってやつです。これが明確になって初めて、頭の中の「想像」を「目標」に置き換えた時の両者の「距離」が測れるようになります。「行動」しないとこのベースラインが生まれないので、いつまで経っても可能性は「ゼロ」のままです。

「思っただけ」で満足してしまっている？

しかし、多くの人がこの「想像」を実現するための「行動」を開始しません。可能性「ゼロ」の状態を維持し続けています。なぜでしょう？

「絶対無理」だからでしょうか？　そうではありません。「無理」かどうかはやってみなければ分かりません。この、「やってみなければ分からない」の前に「何をやればいいのか分からない」から始められないのです。分からないので、「想像する」→「無理」→「行動を開始しない」という「決断」をしてしまっているのです。要は「思っただけ」で満足してしまっていることと同じです。

始めるには口に出す

では、「行動する」にはどうしたら良いのでしょう？　答えは簡単です。それは「口に出す」ことです。どんな荒唐無稽な目標でも、自身の口で発することで実現可能性が生まれます。なぜなら、目標を口に出すと無意識のうちにその目標が達成されたと判断できる「成功条件」が生まれるからです。この「成功条件」は、抽象的な「目標」と比較して「具体的」かつ「実現可能性の高い」項目が想起しやすいため、行動につながりやすいのです。エースで4番なら、その条件は何ですか？　たとえば「完封勝利」と「打点を稼ぐ」ことがその条件だとします。ならば、「打たせて取るタイプなのか、三振を取るタイプなのか」を考えますし、「打点を稼ぐには長打率」を上げなければなりません。

「失敗リスク」を越えた先に「成功」がある

こうして「成功条件」を考えると、その「条件」を満たすために必要な「具体的な行動」が明確になってきます。「必要な行動」が具体的であればあるほど「実現可能性」が高まり、行動をする「動機」が高まります。この「動機」に背中を押されて行動が生まれると、行動によって「実現可能性」がさらに高まり「目標」に近づくためにさらに「動機」も「行動」も高まる、という好循環が生まれます。「口」に出す前は「口に出して失敗したらどうしよう」という「失敗リスク」から逃れようとして「行動を開始しない」という選択をしてしまいがちですが、その「不安」を乗り越えて目標を「口」にすると、その目標達成を「正当化」するための「成功条件」を探そうとし、それによって「行動」が生まれ「成功確率」が高まります。そして、もうお気づきだと思いますが、この「成功条件」こそが「目標＝KGI」を達成するための「KPI」となり、活動を押し進める原動力となります。

まとめ

いかがでしたか？　われわれは無意識のうちに「リスク回避」を優先してしまい自分の目標を設定することを避けてしまいますが、あえて目標を声に出して宣言することで、今度は別の「発言が失敗した時の正当化をしなければならない」という「リスク」を回避する思考が生まれます。そのため、「成功したといえる条件」を自ら生み出し、この新しく生まれたリスクを回避するために力を発揮するようになります。その結果として「目標」が達成できる可能性が高まります。同じ「リスク回避」能力でも、使い方によって「現状維持」と「目標達成」という真逆の結果が生まれるのです。「口に出して言う」という、こんな単純なことだけで結果が変わるのです。皆さんも、自分の「リスク回避能力」を信じて目標を「口に出して」言ってみてはいかがですか？　口に出すことで、自分の中に「行動力」が生まれるのを体感できるかもしれません。

58｜言葉と体はつながっている・その2

今回のコラムのテーマは、「言葉と体はつながっている・その2」です。前回は「目標」を口に出して言うことで「行動」が生まれることをお伝えしました。今回も同じく「口に出す」ことで生まれる「行動」について、前回とはちょっと違った視点で考えてみたいと思います。

ノウハウ伝授の壁「言語化」

皆さんは人に物を教えるのが得意ですか？　「苦手」と答える方が多いかもしれません。長い時間をかけて体得した動きや技術は無意識下でも再現できるようになっており、それを他人に伝えようとしてもなかなか難しいですよね。「ここをこうやって……」とか「そこをそうして……」と、なんとも曖昧な表現になってしまい相手には全く伝わりません。伝えようとして初めて、その技術伝承の難しさに気づいたりします。ノウハウの「言語化」って意外と難しいのです。ここに組織での標準化の「壁」があります。

教え上手は言語化上手

逆に、教え方のうまい人はこの「言語化」がうまい、といえるのかもしれません。身体で覚える動作をより確実に「意図した通りに」動かせるようにするため、「言葉から動作をイメージ」できるように補助的な情報を相手に渡しているのですね。確かに「ここをこうして……」よりは「手首を45度に固定して、そのまま腕を部品と並行に動かして……」のような説明のほうが分かりやすいし再現性も出しやすそうですね。そして、このような説明は自分でもその動作ができないとうまく言語化できそうもありません。

言葉と体の可逆的法則

このように「動作」を「言語化」することと「言語化」されたことを「動作」することは、「どちらが先か？」という話もありますがお互いに「可逆的」だと考えられます。つまり「言葉と体はつながっているのだ」というわけです。どういうことかというと、何かを「言葉」にすることができればそれを「行動」に移すことが可能だ、ということになります。これは、単純作業だけに当てはまるわけではなく「プロセス運用」にも当てはまります。コラム33「共通言語の力」でお話しした「内部監査」の場でも、自分たちのプロセス＝活動計画について第三者に分かりやすく「説明」できるのであれば、プロセスもその通り動かすことができるのです。

言葉にできることは実現できる

人間はとても不思議な能力を持っていて、自分の口で発したことはほぼ実現することができます。それが具体的であればあるほど実現可能性は高まります。ただしここで勘違いしてはならないのは、ただ「口にすれば」それが実現する、というわけではなく「口にしたことに行動が伴う」ことが必要です。この「行動が伴う」ためには、前回のコラムでお話ししたように行動が「具体的」である必要があります。そのためには、言葉も「具体的」である必要があります。そして、その言葉を繰り返し「口に出して」発言すればするほど、それが達成される確率が高まります。「毎日素振り500回」を、言葉に出して言うと言わないとでは結果が全く異なります。

言葉と体はつながっている

このように、口に出すことで行動が具体的になり具体的な行動を口に出すことでさらに推進力が生まれ、言葉が行動に変換され行動が結果につながります。繰り返し行動を口に出すことは、強い優先順位づけや行動や結果のアウトプットイメージを湧きやすくし、さらに行動に移しやすい環境を生み出します。また、他人に説明すると、そのことで自らの「理解度」が深まると同時に「責任感＝危機感」が生まれ、リスク回避として行動を実行するモチベーションも生み出します。これら二重三重の動機づけが「努力して行動を生む」よりも強い原動力を自ら生み出し、行動を進めていきます。

暗記・暗唱は意図した行動を生む準備運動

このようにより好ましい行動を生むために、行動より先に言葉を使っているのが、子供の頃から教えられてきた標語の暗唱などです。子供の頃は何の疑いもなく言われるがままに毎日毎日声に出して唱えていましたが、今振り返ってみるとその口に出した教えが暗唱によって自然に身体に染み付いていて、何か岐路に立った時には自然とその教えに沿うような判断をしていたことに今さらながら気づかされます。行動よりも先に、自身の口から発していた言葉が自身の行動を促していたのですね。大人になった今、ついつい「自分の利益のため」の判断を繰り返してしまっている現状を顧みて、自分が目指す「教え」を口に出して自らを律しないといずれ大失敗をやらかしてしまうかもしれません。

まとめ

いかがでしたでしょうか？　言葉を「口に出す」ことの力について、2回に渡り考察してきました。「頭」で考えているだけでは「体」は反応しませんが、「言葉」にすることで「体」が反応し「行動」が生まれます。われわれ人間の特性をうまく活用すると「絶対無理」と思っていたことも意外と「できる」ようになるかもしれません。皆さんも、達成したい目標があるのならばぜひ「口に出して」言ってみてください。口に出してしまうことで生まれる「失敗リスク」におびえるより、口に出すことで「顕在化」したリスクを回避する「リスク回避能力」を活用し「目標達成の原動力」にしてみてはいかがですか？　繰り返し繰り返し「口に出す」ことで実現可能性も高まるかもしれません。「潜在リスク」におびえるよりも、あえて口に出して「顕在化」させてみると解決の糸口が見つかるかもしれません。

59｜継続は力なり？

今回のコラムのテーマは、「継続は力なり？」です。2023年の11月から始めたコラムもついに一年を迎えました。ここまで飽きずにお付き合い頂きありがとうございました。やはり何ごとも続けることが大切ですが、やっぱり続けるのは大変ですよね。今回は続けるためには何が必要なのか？　について考えていきたいと思います。

やり始めるのは簡単

どんな取り組みも「思い立ったが吉日」ということで、始めるのにそれほどのパワーは必要ありません。「勢い」とか「気合い」で行けます。目の前の障壁は一時的なモチベーションで超えることができます。皆さんも経験ありますよね？　後先考えるよりもまずやってみる。「Just do it !」ですね。でも、その後はどうしますか？

やり始めてから続けるのは大変

「始めたはいいけどその後のこと考えてなかった」という経験ありますよね？　この場合、ほぼ間違いなく活動は途中で止まってしまいます。なぜなら、「まずやってみる」は「やってみる」ことが目的で「やってみた」瞬間にその目的は達成されてしまっているので、もはや次のモチベーションがないからです。やり始めてから次の目的や行動を決めるのは、選択肢がほぼない上に一度目的を達成してしまっているためすでに興味・関心が失われてしまっています。ここから再度気持ちを盛り上げるのは至難の業です。

目的を達成するために行動している

人間は、結局のところ「目的」を達成するために力を発揮します。そこに長い短いの「期間」はあまり関係ありません。設定した「目的」を達成するために、長期間が必要であればそこに向かって行動を取り続けます。なので、最初に出てきた「まずやってみる」ことを一年先に実行する計画が立てられれば、一年先に向かって進むのです。たまたま勢いで始めたことをそのまま長期間続けている人はよっぽどそれが性に合ったか、どこかのタイミングで「目的」から長期的な「目標」を作り出せた人だと思われます。

結局は「どうしたい」が人間を動かす

とどのつまりは、その人が「どうしたい」と思ったことがそのまま行動に反映されます。「こうしたい」と明確な「目的」や「目標」が生まれた時、人は強い意志でそれを達成しようとします。繰り返しになりますが、そこに長い短いの時間軸はあまり関係ありません。しかし、この「どうしたい」が実は簡単には生まれないのです。今、このコラムを読んでくださっている皆さんは、今「自分はこうしたい」という「明確な目標」をお持ちですか？　「ある」という方は、すでに行動を開始し継続しているはずです。「ない」と答えた方、どうしましょうか？（笑）

「どうしたい」が生まれないのは「今」が見えていない

人間は、曖昧な「目的」に対しては「好奇心」が生まれません。しかし、具体的な「目的」が生まれた瞬間「好奇心」に背中を押されるどころか何か見えない力に引っ張られて「行動」を開始します。この具体的な「目的」は「スコープ」によって明確になります。コラム34「他人の振り見て我が振り直せ」で出てきた、「他人ごと」「自分ごと」のとおり、「他人ごと」である「Out of scope」から「自分ごと」の「My scope」に入った瞬間「目的」を達成するための「行動」に移ります。この「スコープ」を生み出すには「今＝現状」を見えるようにする必要があります。

SWOTが「今」を見える化してくれる

これも以前のコラムでお話ししたように、視点を「自分から見た外」から「外から見た自分」へ変換をすることで、SWOTによる「今」の自分の評価とその評価から生まれた「なりたい姿」を明確に思い描くことが可能となります。そして、そこから「どうしたい」が生まれます。われわれは、日常生活についつい流されてしまい「今」の自分を評価する機会を逸し続けてしまっているのです。

継続は「力」ではなく「目的や目標」達成の通過点

「今」の自分と「なりたい姿」の対比から生まれた「どうしたい」が明確になれば、それが「目的や目標」になりそこに向かって行動し続けることができます。「継続」は努力して積み重ねてきた結果、と思いがちですが「継続」している人にその意識はありません。「目的や目標」達成のために必要な行動をしているだけなのです。もし、努力して「継続」している人がいたら、それは「修行」ですね。ただ、「修行」自体が「目的」ならば本人も辛くないかもしれませんが。

まとめ

結局、「継続」を「力」と評価するのは「目的」や「目標」を持って行動することができていない人々が勝手に生み出した評価なのかもしれません。実際に「継続」している人は、それは「目的」や「目標」達成のための「手段」であり、必要なプロセスの一部に過ぎないのかもしれません。そうやって考えてみると、この「プロセスを開始する」ための「スコープ」を手に入れた瞬間が実は一番楽しいのかもしれません。皆さんもぜひご自身の「今」を「見える化」してみてください。「見える化」されたことで目の前に明確な進むべき道が現れ、体の内側からやる気がみなぎってくる、そんな体験ができるかもしれません。

そんなわけで、「コラムを一年間続ける」という「目標」を今回達成しましたので、連載はいったん終了としたいと思います。とはいえ、まだ「ネタ」はたくさんありますので、今度はもう少しゆる〜い目標を立てて、いずれまた再開したいと思います。

その時をお楽しみに！　最後までこのコラムをお読み頂きありがとうございました！

いまさら聞けない品質用語集

本書の内容をより理解して頂くためにコラムの中で頻繁に登場する用語についての簡単な説明をまとめました。各用語の詳細についてはISO 9001やIATF 16949が運営しているウェブサイトなどをご参照ください。

また、各用語の説明は筆者の個人的な主観が多く含まれているため、本来の意図・目的とは異なる理解を生む恐れがあることをあらかじめご承知おきください。

これらは説明の対象となっている組織や規格・ツールを否定するものではなくあくまでも筆者の経験上観察された結果から導き出された個人の見解です。

■CITA

KAIOSが提供する問題解決トレーニングの呼称。Continuous Improvement Team Activityの略。「シータ」と発音する。日本語にすると小集団改善活動。チームによるワークショップ型のトレーニングで、人間の行動心理が問題解決に影響を与え意図せず失敗に導いてしまうことを実際に体感しながら正しい問題解決の方法を学ぶことができる。

■ISO 9001

品質マネジメントの国際規格。製造業・サービス業が認証を受けられる。社内基準の文書化や計画的なPDCAサイクルの実践が求められる。第三者による審査認証システムが採用されている。

規格の意図が正しく理解されず、膨大な文書作成・維持が主な目的と見なされ多くの組織で「余分仕事」として毛嫌いされている。

■IATF 16949

自動車産業品質マネジメントシステム規格。自動車産業の生産部品および関連するサービス部品を生産している組織が認証を受けられる。前述のISO 9001と対を成して運用される。ISO 9001と同じくPDCAサイクルの実践が強く要求されるが、問題の再発防止や未然防止に対する取り組みが特に重要視される。IATFは運用母体のInternational Automotive Task Forceの略。

ISO 9001がカバーする範囲に加え、さらに未然防止のためのシステマチックな業務管理が求められるため、ISO 9001同様こちらも多くの認証取得企業で、特にプロセスオーナー（部門長）に嫌われる業務の筆頭となっている。

■QA・QMS

Quality Assurance（品質保証・品質確証）およびQuality Management System（品質マネジメントシステム）の略称。どちらも品質に関わる業務のため、同じように扱われるが対象は少々異なる。QAは後述のQCDのうち「QとD」が対象範囲だが。QMSは「QCD」全てが対象範囲となる。俗にISO 9001はQA規格、IATF 16949はQMS規格と呼ばれることもある。つまりQMSのごく一部がQAと言うこともできる。

モノをつくったり、サービスを提供していると直面するのはQAだったりするので、多くの人がQA業務の方を大きく捉えQMSは些細な（どうでもいい）仕事、と捉えている場合が多いが実はその逆だ。QMSは品質部門の人間が取り組む業務・活動ではなく、組織全体、特に組織運営を行っている人々が主体的に行うべき取り組みである。が、そうしている組織はまず見当たらない。

■PDCA

Plan（計画）Do（実行）Check（確認）Act（改善）の頭文字を取って活動の運用サイクルを呼称したもの。業務運用・業務改善に必須の四つのプロセスを総称したもの。

どこの組織でも標語のようにPDCA・PDCAと叫ばれているが、実際にPDCAが回っている組織はほとんど見かけない。PDCAの対語としてJust Do it（とにかくやる）が使われることが多い。PDCAをPから始めようとするとまず失敗する。詳細はコラム21『PDCAを回したかったらCAPDoからはじめよう』を参照されたい。

■QCD

製造業・サービス業において管理が必要な重点項目の三つQuality（品質）・Cost（コスト）・Delivery（納期）を総称したもの。これにSafety（安全）を含めてSQCDと言われることもある。

多くの組織でD＞C＞＞＞Qといった序列で扱われている。また、SもQとさほど変わらない序列で認識されていることが多い。Quality FirstやSafety Firstという標語を掲げている組織も多いが、実際には呼称の逆の序列で運用されているのは皮肉である。

■SWOT分析

現状分析の手法のひとつ。強み（Strength）弱み（Weakness）機会（Opportunity）脅威（Thread）の頭文字を取ってSWOTと呼ばれている。四つの視点から現状を分析することで課題を見つけやすくすることができる。

多くの場合自らのことは棚上げし、組織の体制や関係者に対して辛辣（しんらつ）な評価を下すことが多く、評価対象を自分がこうあるべきと思う形に修正しようとする方策を生み出す元凶となってしまっている。強みが「あるある」弱みが「ないない」と表現されるのが典型的。

■タートル図

プロセスを運用してインプットをアウトプットに変換するのに必要なリソース「人、設備、材料、方法」をリストアップし、最後にそれら取り組みの有効性を評価するための「監視指標」を決めて文書化するための便利なツール。それぞれ情報を記載する「ハコ」が亀の甲羅を中心に頭と尻尾、そして手足に見えることから「タートル図」と呼ばれている。ISO 9001やIATF 16949ではプロセスの現状分析として準備・作成することが審査・監査の場などで求められている。

ほとんどの人がこれらハコに情報を記載することができず、自身の業務に関わるリソースを認識していないことが浮き彫りとなる。自身の戦力を把握せずに当たるも八卦当たらぬも八卦の一か八かスタイルで業務に臨んでいることがよく分かる。

■KPI・KGI

さまざまな活動の評価指標のことでKey Performance IndicatorとKey Goal Indicatorの略。KPIが行動目標、KGIが必達目標と言われたりもする。業務運営には必須の監視指標。

多くの組織でKPIとKGIが混同して使用され、主にKGIをKPIと呼び組織に達成を要求するマネジメントスタイルが目立つ。KGI主導で組織マネジメントを行うと、結果オーライの現状肯定型組織となりプロセスの改善が実装されず、ひたすらQCDが低下していく結果を招く。

■SMARTプラン

活動の計画を立てる際に必要な5つの要素を表した言葉。5つの要素はそれぞれ「具体的＝Specific」で「測定可能＝Measurable」であり「達成可能＝Achievable」なもので、自分や組織の仕事に「関連性＝Relative」があり「時間軸＝Time bound」があることを示している。これらを可視化した計画が最も実現可能性が高い計画となる。ちなみにこのSMART

プランを具現化したものがいわゆるガントチャートと呼ばれるものであり、後述するAPQPが当にこのSMARTプランである。

SMARTプランの対義語としてJDI = Just Do Itがあり、「とにかくやる」「いいからやれ」という一か八かの無計画なりゆき結果オーライ至上主義手法として世の中のほぼ全ての組織で採用されている。

■8D・8Dレポート

問題解決に必要なステップを8つに分けて構成した取り組み、および、その取り組みの記録が文書化されたもの。①問題の詳細 ②取り組むメンバー ③封じ込め措置（暫定対策） ④真因解析 ⑤再発防止策（是正措置）⑥対策の有効性検証 ⑦類似事象への影響分析 ⑧共有知識にするための文書化、が一般的に認知されている。
多くの組織で⑤の再発防止策と称して③の封じ込め措置が取られ、その他のステップが実行されないまま問題が放置されている。④真因解析で利用される「なぜなぜ分析」は自らのずさんな業務運営の実態を自白する組織基準への準拠に対するコンプライアンス違反が露呈する見本市となっている。

■FMEA

IATF 16949の運用においてコアツールと呼ばれている重要な5つのツールのうちのひとつ。Failure Mode & Effect Analysisの略。日本語では「故障モード影響解析」と呼ばれる。設計・開発を始める前に想定される潜在リスクを抽出し、事前に許容可能な程度までリスクを低減する取り組み。

しかしながら、多くの組織で開発開始時には放置され、開発完了直前もしくは完了後に作成されるため、未然防止の結果ではなく実際にリスクが問題になったイシューリストになってしまっている。ほとんどの対策が「試験で確認する」手段を選択しており、検査工程を超激務にするばかりか納期未達を回避するため検査結果の不正操作を生む直接の原因となってしまっている。

■FTA

Failure Tree Analysisの略。コアツールではないがFMEAと対になって不具合検証に利用されることが多い。FMEAが原因から想定される結果を予測するのに対してFTAは起きてしまった結果からその原因をさかのぼる解析手法。問題が起きた際には先にFTAを実施し、特定された原因がFMEAに事前に含まれていたかを確認し、見落とされていた不具合要因を顕在化させ再発防止を強化する目的で使用される。

よく不具合対策の場面で「自分はFMEAよりもFTAのほうが得意だし、そのほうが効率的だ」というエンジニアを見かけるが当たり前である。起きてしまった出来事をさかのぼっていくのと、起きるかもしれない、ひょっとしたら自分たちも気づいていない不具合の種を見つけ出すのとどっちが簡単なのかは議論するまでもない。すでに答えがある問題と答えを見つけなければならない問題を同列で比較するのはナンセンスである。FMEAの代わりにFTAを実施してリスク分析を実施したことにしても本来の目的を何も達成してないことに気づいて頂きたい。

■APQP

IATF 16949の運用においてコアツールと呼ばれている重要な5つのツールのうちのひとつ。Advanced Product Quality Planningの略。日本語では先行製品品質計画と呼ばれる。ガントチャート形式であらかじめ実施する項目とその期間を設定し、それらの達成状況の予実（予定と実績）管理をするPDCA管理ツール。

こちらもFMEA同様、開発開始時には作成されず全てが完了した後に作成されることが多く予実が完璧に整った状態で保管されている。この完璧な書類が事後報告として社内のマネジメントや顧客に提示されるため、問題の顕在化が継続的に防がれている。肝心の開発プロセスは常時火の車で計画の予実管理などやっている暇がないのが実情。これに伴い計画妥当性検証会議がスキップされ、開発結果の妥当性検証会議でまとめてレビューされるという本末転倒な活動が生まれている。多くの場合、後者の会議体（組織の意思決定を目的とした会議のこと）もスキップされる。

■SPC

IATF 16949の運用においてコアツールと呼ばれている重要な5つのツールのうちのひとつ。Statistical Process Controlの略。日本語では統計的工程管理と呼ばれる。製品機能に影響を与える特定のパラメーターを定期的かつ統計的に監視することで異常およびその予兆をいち早く検出し問題の発生を防ぐ工程管理ツール。破壊検査を伴うような個体別保証が不可能な場合は工程能力を算出し、条件管理などを含めてロット保証が行われる。

連続監視で定常状態を作り出し異常をいち早く検知することが目的だが、多くの組織では異常対応が日常的となっており定常状態が誰も分からないのが現状。前出のAPQPなど事前の計画がないことがそれを助長している。事前の計画がないため、検証のための振り返りも生まれず組織の運用改善が実行されることはない。

■MSA

IATF 16949の運用においてコアツールと呼ばれている重要な5つのツールのうちのひとつ。Measurement System Analysisの略。日本語では測定システム解析と呼ばれる。検査工程管理に必要な4M = Man（人）、Machine（設備）、Method（方法）、Material（モノ）のうち、ManとMachineのバラツキをあらかじめ把握し、合格判定に必要な公差値の妥当性を検証する取り組み。ManとMachineの掛け合わせで通常各組み合わせで連続

10回の測定を行い、この測定値から保有公差を算出する。この際Method（作業標準）とMaterial（標準資料）は固定とし、Man（認定検査員）とMachine（校正管理）も限りなくバラツキを生む因子を排除して実施することが必須。

ほとんどの組織が製品保証を検査工程に過剰に依存しているが、明確な意図を持ってMSAを実施している組織は少ない。実際にMSAを実施する際、上記のようなバラツキを最小化する活動には対して意識が向けられない。Man（人）の教育訓練はほとんど更新されず、Machine（設備）の校正管理もコスト優先で間引きしたり内製化したりして保証度が低く、Method（作業標準）も曖昧な作業指示しか記載されておらずもしくは存在せず、Material（モノ）標準物質の管理方法もずさん、といったバラツキしか生まない実施体制が維持されている。これに加え5つめのM = Mother Nature（環境要因）がさらにバラツキを生み、いったい何の公差を測定しているのか誰にも分からない。こんな状態で実施され合否判定が下される検査工程に全ての製品保証が託されていると思うといろいろと心配になってくる。

■PPAP

IATF 16949の運用においてコアツールと呼ばれている重要な5つのツールのうちのひとつ。Production Part Approval Processの略。日本語では量産部品承認プロセスと呼ばれる。サプライヤーが量産準備が整ったことを証明するために量産化過程で実施した取り組みの結果を記録した文書のパッケージ。顧客はこれら文書の記録から量産品納入を承認する。何百何千とあるサプライヤーの全ての工程を逐次直接見に行くのは現実的に不可能であるため、文書と量産サンプルで承認をするために取り決められた文書集。

普通に量産立ち上げ工程を進めていけば随時文書はできあがっていくので特に困ることもないはずだが、APQPでも言及したとおり現場は常に火の車であり文書を作成している暇などないため、通常量産納入が近づいてもほとんど文書が揃っていない。そのため、PPAPを取りまとめる品証担当者が力技で文書を取りまとめる。これまで説明してきた4つのツールも提出対象だが、このPPAP提出に合わせて担当者が急ごしらえするのでほとんどの社内の人間がその存在を知らない。

おわりに

最後まで本書をお読み頂きありがとうございました。本書は問題解決の現場でよく出会う事例を人間の行動心理という視点で観察・考察し、コラムという形の比較的読みやすい文章にすることで皆さんにもその出来事の裏に潜んでいる「理由」を知って頂き、どうやったら問題が解決できるのかを考えて頂く機会を提供することを目的とした筆者の超主観的文書録です。なぜこんな行動を取ってしまうのか？　その一方で、どうしたら問題解決がうまく行くのか？　その2点について真剣に考えた僕の思考録と言ってもいいかもしれません。問題解決の現場で格闘する皆さんを、時にはやさしく見守り、時には斜め視点から俯瞰（ふかん）し、その一挙手一投足を解析してきました。その結果、僕らは問題解決能力が低いわけでもないわけでもなく、むしろ非常に高い能力を持っておりそして発揮していることが分かりました。そしてその能力は極めて高く、ほぼ確実に問題を解決しているのです。ただし、残念なことにその能力は問題解決に対してではなく、目先の自分のリスク回避に対して発揮されているのです。この特性によって本書で紹介した数々の「望ましくない結果」が生まれてしまっているのです。なんとももったいないお話ですね。

しかし、この能力はきちんと順序立てて準備すれば正しく使うことができるのです。まず、「自分たちのこの特性を理解すること」これが重要です。『敵を知り、己を知れば』というやつです。自分たちは自分のリスク回避＝自己保身を優先してしまう、という特性を知ることで実際の現場でそちらに判断が流れてしまうことを抑制できます。そしてその次に、「現状を理解すること」が必要になります。われわれはよく素性が分からない物や事に対しては自動的に恐怖や不安を感じ、回避もしくは排除してしまおうとします。とにかく安心したいのですね。なので、この向き合う対象をできるだけ具体的に理解することで取り組むべき手段や方法、そして目的や目標が見えてきます。人は自分の中に目的や目標が生まれるとそれを達成するために全力で行動に移します。この力はとても強力で、達成するまでどんな困難があってもどんな手段を講じてでも必ずやり遂げます。そんな力を使うことができれば、現場の問題などあっという間に解決できてしまいます。

と、口では簡単に言いますが、それができれば苦労しないですよね。そんなわけでこの行動様式を順番に生み出し実践する方法を学んで頂くことを意図して『CITA式問題解決プログラム』を開発し、トレーニングを提供し始めました。そして、その「CITA式」の理解を深めて頂くために本書の元となったコラム『問題解決あるあるコラム』の連載を開始しました。まさに、現場の「あるある」を読んで頂いた皆さんが自分事として捉えて頂けるように多少ユーモアを交えて書いたつもりですが、伝わりましたでしょうか？　ほんのちょっとのボタンの掛け違えが、全く意図とは異なる結果を生み出してしまっている現実は見ていてなんとも歯がゆいです。この状況を「仕方ない」と受け入れてしまうのではなく、「なんでだろう？」「どうしたらうまく行くだろう？」と考えて頂く際のヒントに本書のコラムがなってくれれば嬉しいです。

本書は前書『問題解決の教科書 CITA式問題解決ワークブック』に引き続き、インプレスさんから発行して頂けることになりました。前書でもお世話になった編集長の桜井 徹さんがコラムの原稿を読んで書籍化を勧めてくれたおかげでこのコラム集が1冊の本として生まれ変わることができました。本当にありがとうございます。また、編集作業は前書に引き続き向井領治さんが担当してくださいました。本当に丁寧に私のつたない文章の校正作業をして頂きました。今回も本当にお世話になりました。そして、本コラムではこちらも前書同様各テーマを象徴した素敵なイラストをPOP’n DRAWさんに描いて頂きました。1年間の連載期間も毎週毎週新しいイラストをご準備頂きCITAの世界観を作り上げて頂きました。今回も書籍化に伴い表紙を含め新たなイラストをいくつも制作頂きました。ありがとうございました。

最後に、本コラムを毎週読んで頂いた読者の皆様、皆さんの「スキ」が連載の励みになりました。おかげさまで目標の1年間の連載を達成でき、今回書籍という形でまとめることができたのも読者の皆さんのおかげです。本当にありがとうございました。本書が問題解決の現場で奮闘されている方々の一助となればそれが一番の喜びです。ぜひ皆さんの声をお聞かせ頂ければと思います。noteの連載はいったん終了していますが、不定期でもいいので連載を再開できればと思っているので、ぜひまたコラムを読みに来てください。

2025年3月 市岡 和之

著者紹介

市岡 和之（いちおか かずゆき）

埼玉大学大学院理工学研究科応用科学専攻修了。
組織の人材育成や業務改善支援サービスを提供するために設立したKAIOS社代表。自動車部品サプライヤーに所属した２０数年間で製品設計・工程設計・品質管理・品質保証を担当。CITA式トレーニングプログラムを始 め、自らの経験を元に独自理論での問題解決手法を構築し社内・外へのトレーニングやセミナーを提供。
テキスト投稿サイトnoteにて「問題解決あるあるコラム」を一年間連載。
『問題解決の教科書　CITA式問題解決ワークブック』を2024年3月にインプレスNextPublishingより出版

◎本書スタッフ
アートディレクター/装丁：　岡田 章志＋GY
編集：　向井 領治
ディレクター：　栗原 翔

●本書の内容についてのお問い合わせ先
株式会社インプレス
インプレス NextPublishing　メール窓口
np-info@impress.co.jp
お問い合わせの際は、書名、ISBN、お名前、お電話番号、メールアドレス に加えて、「該当するページ」と「具体的なご質問内容」「お使いの動作環境」を必ずご明記ください。なお、本書の範囲を超えるご質問にはお答えできないのでご了承ください。
電話やFAXでのご質問には対応しておりません。また、封書でのお問い合わせは回答までに日数をいただく場合があります。あらかじめご了承ください。

●落丁・乱丁本はお手数ですが、インプレスカスタマーセンターまでお送りください。送料弊社負担に てお取り替えさせていただきます。但し、古書店で購入されたものについてはお取り替えできません。
■読者の窓口
インプレスカスタマーセンター
〒 101-0051
東京都千代田区神田神保町一丁目 105番地
info@impress.co.jp

OnDeck Books

ものづくりの現場で問題が起きたときに読む本

2025年3月28日　初版発行Ver.1.0（PDF版）

著　者　市岡 和之
編集人　桜井 徹
発行人　高橋 隆志
発　行　インプレス NextPublishing
〒101-0051
東京都千代田区神田神保町一丁目105番地
https://nextpublishing.jp/
販　売　株式会社インプレス
〒101-0051　東京都千代田区神田神保町一丁目105番地

印刷・製本　京葉流通倉庫株式会社
Printed in Japan

ISBN978-4-295-60374-0

NextPublishing®
●インプレス NextPublishingは、株式会社インプレスR&Dが開発したデジタルファースト型の出版モデルを承継し、幅広い出版企画を電子書籍＋オンデマンドによりスピーディで持続可能な形で実現しています。https://nextpublishing.jp/